普通高等院校计算机基础教育“十四五”规划教材

大学计算机实验指导

主编◎钟　琦　尹　华　范林秀

内容简介

本书是主教材《大学计算机》（钟琦、何显文、尹华、范林秀主编）的配套教材。采用的软件版本为 Windows 10+Office 2016。全书共 4 章，主要包括计算机操作系统基础知识及其应用、文字信息处理、电子表格处理、演示文稿设计等部分。书中以模块化结构设计实训项目内容，各实训项目由浅到深、由简到难，循序渐进地引导学生掌握信息技术常用技能。

本书选题新颖，实验安排恰当，符合多层次分级教学的需求，可作为高等院校计算机基础实验课程的教材，也可作为各类计算机应用人员的参考用书。

图书在版编目（CIP）数据

大学计算机实验指导 / 钟琦，尹华，范林秀主编．—北京：中国铁道出版社有限公司，2021.8（2024.8 重印）
普通高等院校计算机基础教育“十四五”规划教材
ISBN 978-7-113-28270-7

Ⅰ.①大… Ⅱ.①钟… ②尹… ③范… Ⅲ.①电子计算机-高等学校-教学参考资料 Ⅳ.①TP3

中国版本图书馆 CIP 数据核字（2021）第 163647 号

书　　名：大学计算机实验指导
作　　者：钟　琦　尹　华　范林秀

策　　划：曹莉群　　　　**编辑部电话：**（010）63549501
责任编辑：贾　星　曹莉群
封面设计：曾　程
责任校对：孙　玫
责任印制：樊启鹏

出版发行：中国铁道出版社有限公司（100054，北京市西城区右安门西街 8 号）
网　　址：https://www.tdpress.com/51eds/
印　　刷：三河市兴达印务有限公司
版　　次：2021 年 8 月第 1 版　2024 年 8 月第 7 次印刷
开　　本：787 mm×1 092 mm 1/16　**印张：**10.5　**字数：**261 千
书　　号：ISBN 978-7-113-28270-7
定　　价：28.00 元

前　言

习近平总书记在党的二十大报告中指出，要“统筹职业教育、高等教育、继续教育协同创新，推进职普融通、产教融合、科教融汇，优化职业教育类型定位”。站上新起点，如何创新人才培养模式，特别是如何深化产教融合培养创新型产业人才，为中国式现代化提供强有力的人才支撑，是时代赋予我们的新命题。

实践训练是创新应用型人才培养的重要途径，本书作为主教材《大学计算机》（钟琦、何显文、尹华、范林秀主编）的配套教材，通过大量的实践训练项目，使学生掌握信息技术常用软件的应用，理解信息技术在社会生活中的应用场景，掌握数据提取、数据分析、数据处理的方法，塑造和提升学生信息素养，为后续的专业学习打下良好的信息技术基础。

本书共有4章。第1章针对文件的管理方法进行实训项目设计，通过操作使学生了解计算机系统的管理方式，掌握数据文件的存储方式；第2章指导学生掌握文本版式编辑方法，并通过真实案例进行图文并茂的讲解；第3章指导学生对常见数据进行处理，通过数据分析结果让学生认识数据的重要性，掌握数据分析的基本方法；第4章指导学生对演示文稿编辑工具进行学习，从项目制作的角度出发，对学生进行全过程讲解。

参加本书编写的都是长期从事计算机基础教育一线教学的高校教师。全书由钟琦、尹华、范林秀主编，第1～2章由钟琦编写，第3章由尹华编写，第4章由范林秀编写。本书在编写过程中得到了郭益梅老师的大力支持和帮助，在此表示诚挚的感谢。

本书是赣南师范大学教材建设基金资助项目，是全国高等院校计算机基础教育研究会计算机基础教育教学研究项目成果，是教育部产学合作协同育人项目成果。

由于时间仓促，编者水平有限，书中难免有疏漏与不妥之处，恳请广大读者批评指正，并提出宝贵的意见和建议。

编　者

2023年7月

目　录

第一章　操作系统与网络应用

实验一　Windows 10 的基本使用

一、实验目的

1．了解当前操作系统的基本信息。

2．掌握 Windows 10 系统的常用操作。

二、实验内容

1．查看本台计算机系统信息。

（1）Windows 操作系统安装的盘符。

（2）当前系统类型。

（3）CPU 型号。

（4）内存容量。

（5）计算机名称。

（6）工作组等。

操作提要

使用“开始”菜单 | “设置”命令，在打开的“Windows 设置”窗口中选择“系统” | “关于”命令，如图 1-1-1 所示，或者选择“此电脑”快捷菜单中的“属性”命令，打开系统信息窗口查看。CPU 型号等硬件信息，可从“设备管理器”中查看，如图 1-1-2 所示。

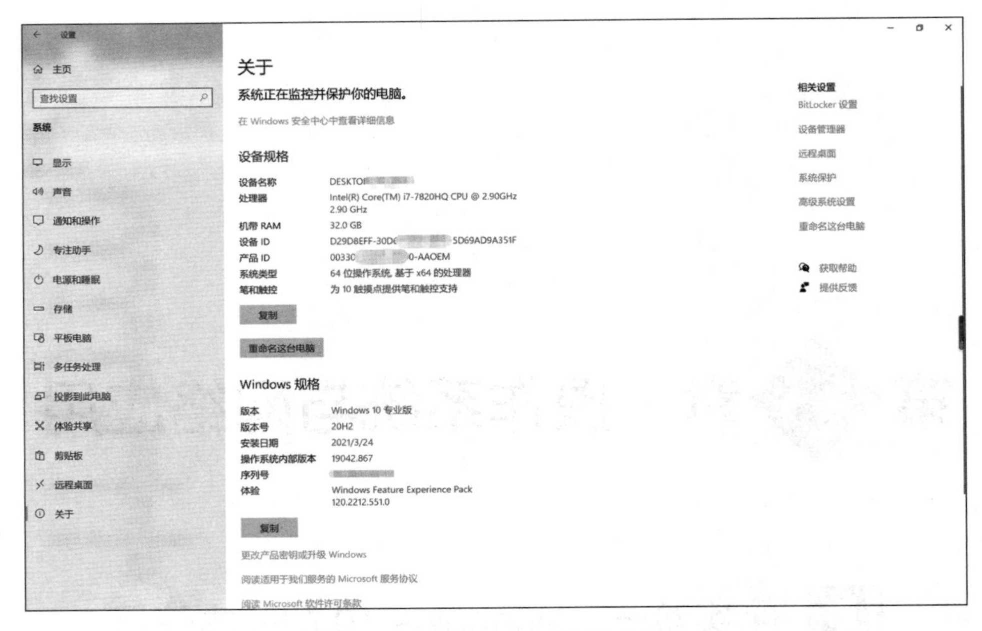

图 1-1-1 “Windows 设置”窗口

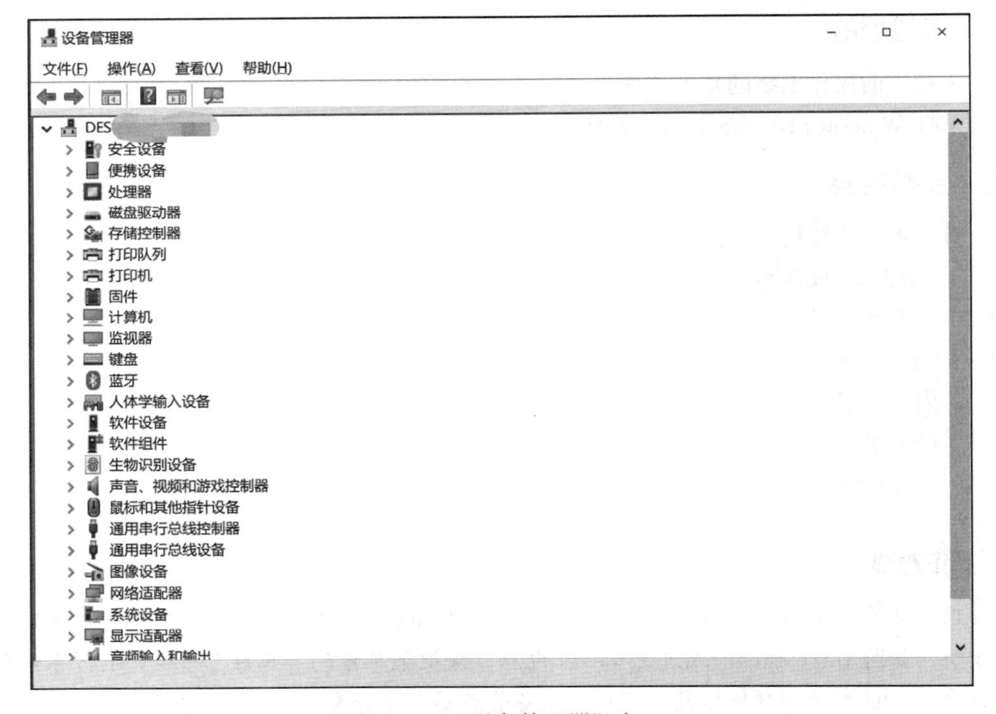

图 1-1-2 “设备管理器”窗口

2．存储管理。

（1）观察并在表 1-1-1 中记录当前系统中磁盘的分区信息。

表 1-1-1　磁盘分区信息

存储器		盘符	文件系统类型	容量
磁盘 0	主分区 1			
	主分区 2			
	主分区 3			
	扩展分区			
CD-ROM				

操作提要

可选择“此电脑”快捷菜单中的“管理”命令，在弹出的“计算机管理”窗口中选择“磁盘管理”命令，如图 1-1-3 所示。

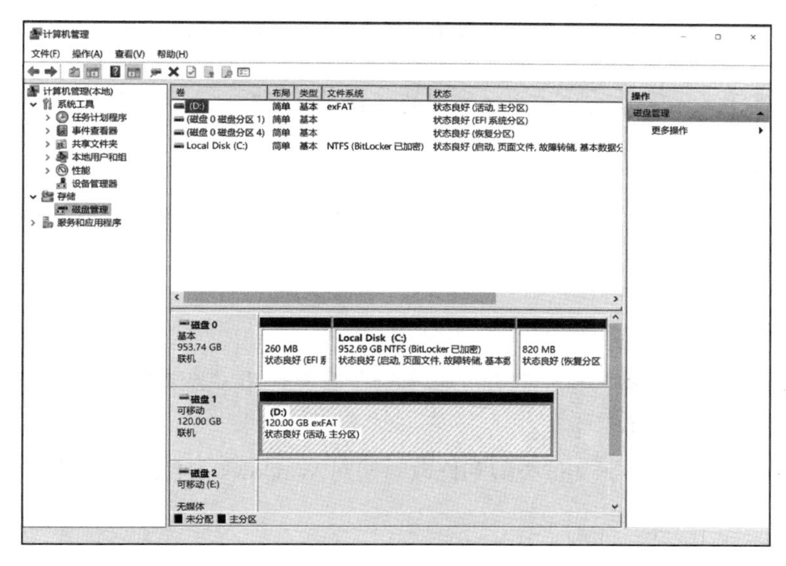

图 1-1-3　“计算机管理”窗口

（2）进制换算。

1234_D=__________________________$_B$；

2345_D=__________________________$_O$；

3456_D=__________________________$_H$；

1011010011100111_B=__________________________$_D$；

$11100110010001101010 1_B$=__________________________$_O$；

$1001001110010100011 1_B$=__________________________$_H$；

$17B_H$=__________________________$_D$；

62_H =__________________________$_B$；

453_H =__________________________$_O$。

3. 浏览 Windows 资源。

（1）利用 Windows 中的“文件资源管理器”查看 C: 盘的信息，并记录在表 1-1-2 中。

表 1-1-2　C 盘有关信息

项　　目	信　　息
文件系统	
可用空间	
已用空间	
容量（总的空间）	

操作提要

① 选择“开始”|“所有应用”|“Windows 系统”|“文件资源管理器”命令，打开“此电脑”窗口。

② 通过“计算机”|“位置”|“属性”查看，或右击“本地磁盘 C:”，选择“属性”命令查看。

注　意：可尝试“计算机”|“系统”中的“打开设置”“系统属性”“管理”功能，观察其使用情况。

（2）分别选用小图标、列表、详细信息、内容等方式浏览 Windows 中所有文件资源，观察各种显示方式之间的区别。

操作提要

选择“文件资源管理器”命令打开“此电脑”窗口，用“查看”选项卡“布局”组中相关功能浏览计算机中的文件资源。

（3）分别按名称、大小、文件类型和修改时间对 Windows 主目录进行排序，观察 4 种排序方式的区别。

操作提要

选择“查看”|“当前视图”|“排序方式”下拉列表中的选项设置不同排序类型。

（4）设置项目复选框为可见状态。

操作提要

通过“查看”|“显示 / 隐藏”组中的“项目复选框”设置各资源图标上的复选框可见。

4. 设置文件夹选项。

（1）显示隐藏的文件、文件夹或驱动器。

（2）隐藏受保护的操作系统文件。

（3）显示已知文件类型的扩展名。

（4）在同一个窗口中打开每个文件夹或在不同窗口中打开不同的文件夹。

操作提要

在“此电脑”窗口中选择“文件”|“更改文件夹和搜索选项”选项，在打开的“文件夹选项”对话框“查看”选项卡“高级设置”列表框中进行设置。

5．Windows 10 文件系统为每一个用户创建了自己独立的类型文件夹，请记录当前用户默认文档和默认桌面的文件夹及其路径。

（1）桌面：________________。

（2）我的文档：________________。

6．在 C 盘根目录下创建图 1-1-4 所示的文件夹和子文件夹结构。

7．文件的创建、移动、复制和删除。

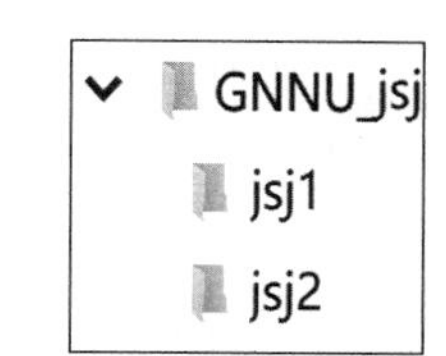

图 1-1-4　文件夹结构

（1）在“jsj1”和“jsj2”中各创建 1 个文本文档，名为“file1.txt”和“file2.txt”，内容任意输入；在“jsj2”中创建一个图像文件，名为“picture.bmp”。

（2）在“jsj1”中为“jsj2”创建一个快捷方式，对“GNNU_jsj”创建快捷方式，并发送到桌面。

操作提要

快捷方式可在选中对象后，通过右击打开的快捷菜单建立，也可在所放置的文件夹中直接创建，然后指向目标对象。

（3）将“jsj1”中的“file1.txt”移动到文件夹“jsj2”中；将“jsj2”中的“file2.txt”移动到文件夹“jsj1”中。

（4）将文件夹名“GNNU_jsj”的所有对象复制到新文件夹“GNNU_复件”中。

（5）将“GNNU_jsj”下“jsj1”中的“file2.txt”删除；将“GNNU_jsj”下“jsj2”中的图像文件“picture.bmp”永久删除。

注　意： 注意“移动”与“复制”操作的不同，“移动”的快捷操作是按【Ctrl+X】与【Ctrl+V】功能组合；“复制”的快捷操作是按【Ctrl+C】与【Ctrl+V】功能组合。“删除”指将对象放入“回收站”文件夹中；“永久删除”指在硬盘中彻底删除对象。“删除”使用【Delete】键；“永久删除”还需要将回收站中的对象清除。

（6）恢复刚刚被删除的文件。

（7）用快捷方式永久删除“jsj2”中的“file1.txt”。

操作提要

“永久删除”的快捷方式是按【Shift+Delete】组合键。

8．查看 C:\ GNNU_jsj \ jsj1 \ file2.txt 文件属性，并把它设置为“只读”和“隐藏”。

9．搜索文件或文件夹，要求如下。

（1）查找 C 盘上所有扩展名为 .txt 的文件。

操作提要

搜索时，可以使用“?”和“*”。“? ”表示任一个字符，“*”表示任一个字符串。在该题中应输入“*.txt”作为文件名。

（2）查找 C 盘上文件名中第三个字符为 a，扩展名为 .bmp 的文件，并以“BMP 文件 .fnd”为文件名将搜索条件保存在桌面上。

操作提要

搜索时输入“??a*.bmp”作为文件名。搜索完成后，在“搜索工具 / 搜索”选项卡“选项”组中选择“保存搜索”命令保存搜索结果。

（3）查找 C 盘中含有文字“Win”，且大小在 1~128 MB 之间的所有文档，并把前 3 个文件名复制到 C:\ GNNU_jsj \ jsj2 \ file1.txt 文件中。

操作提要

在“此电脑”窗口“搜索栏”中输入要查找的关键字，然后在“搜索工具 / 搜索”选项卡“优化”组中或在“选项”组的“高级选项”下拉列表中设置相关参数。

（4）查找 C 盘上在去年一年内修改过的所有 .bmp 文件，并使用画图工具将查找结果保存到 C:\ GNNU_jsj \ jsj2 中，将文件命名为“BMP.bmp”。

（5）查找计算机中所有大于 10 MB 的文件，并使用画图工具将查找结果保存到 C:\ GNNU_jsj \ jsj2 中，将文件命名为“10 MB.jpg”。

10．库的创建、添加和删除。

（1）浏览当前计算机中默认“库”的种类，并记录：________、________、________、________。

（2）在“库”中创建新库“GNNU_jsj”。

（3）将文件夹“jsj2”包含到库中。

（4）将库中原有的“音乐”删除，并将“此电脑”中的“音乐”添加到库“文档”中。

11．压缩与解压缩。

（1）将“C:\ GNNU_jsj \ jsj2\BMP.bmp”压缩到“C:\ GNNU_jsj \ jsj1”中，压缩文件名为“Y1”，扩展名可由压缩软件默认。

（2）将“C:\ GNNU_jsj \ jsj1\ Y1”压缩文件解压缩到“C:\ GNNU_jsj \ jsj2”中。

实验二　系统设置与管理

一、实验目的

1. 掌握 Windows 10 的个性化设置。
2. 掌握 Windows 10 的常用管理。

二、实验内容

1. 桌面设置。

（1）桌面个性化。

① 设置“鲜花”为桌面主题，桌面背景图片无序切换，切换频率设置为 1 分钟，契合度为“填充”。

② 选用“3D 文字”屏幕保护程序，等待时间为 1 分钟，文本设置为 GNNU_jsj，字体设置为 Monotype Corsiva，斜体，RGB 颜色为 128、128、192。

操作提要

① 在“Windows 设置”|“个性化”|“背景”选项中设置，参数如图 1-2-1 所示。

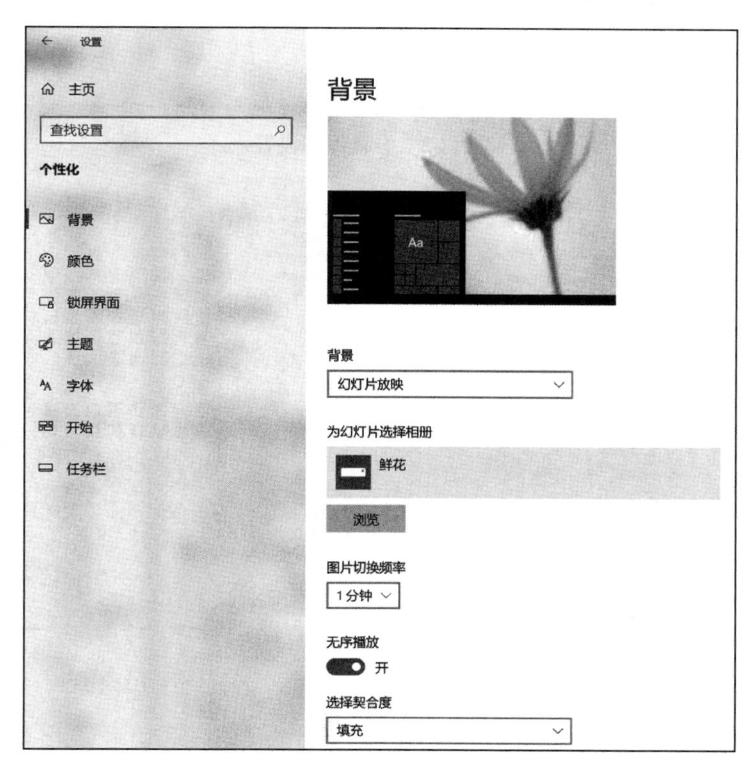

图 1-2-1　背景图片设置

② 在“Windows 设置”|“个性化”|“锁屏界面”选项中，单击“屏幕保护程序设置”超链接，如图 1-2-2 所示，进入“屏幕保护程序设置”对话框，选择“屏幕保护程序”为“3D 文字”，并单击“设置”按钮，进入“3D 文字设置”对话框进行设置，参数如图 1-2-3 所示。

图 1-2-2　屏幕保护设置

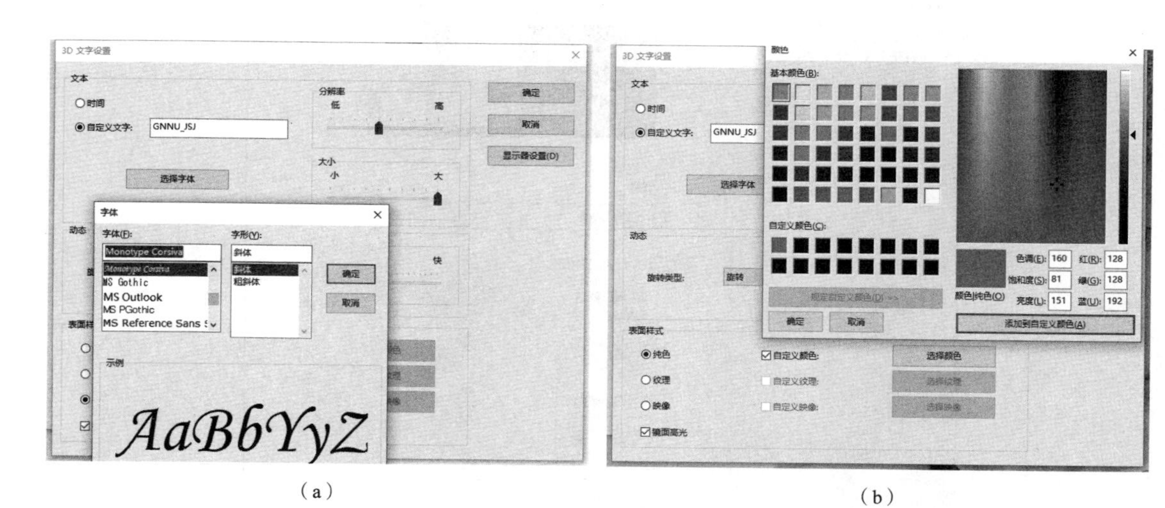

（a）　　　　　　　　　　（b）

图 1-2-3　“3D 文字设置”对话框

（2）启动“记事本”和“画图”程序，对这些窗口进行层叠窗口、堆叠显示窗口、并排显示窗口操作。

操作提要

右击任务栏，打开快捷菜单，从中选择或取消相应选项。

（3）“开始”菜单设置：

① 在“个性化”窗口中的“开始”功能中，关闭“显示最近添加的应用”“显示最常用的应用”，并将“文档”“图片”“视频”显示到“开始”菜单中。

② 在“开始”菜单中，使用“所有应用”，切换成 Windows 7 样式。

③ 在“开始”菜单中，将“画图”放入“磁贴”，并设置其组名为“工具”。

2．任务栏设置。

（1）取消或设置锁定任务栏。

（2）取消或设置自动隐藏任务栏。

（3）将“文件资源管理器”从任务栏取消固定，并将任务栏显示在右侧。

操作提要

在“Windows 设置”|“个性化”|“任务栏”窗口中进行设置。

3．回收站设置。

设置 C 盘回收站为 10 000 MB，不显示删除确认对话框。

操作提要

右击“回收站”图标，选择“属性”命令进行设置。

4．打开 Windows 10 中的控制面板。

操作提要

右击“此电脑”图标打开快捷菜单，选择“属性”命令，可打开“控制面板”主页。

注　意：“控制面板”与“Windows 设置”窗口略有不同，可将两者打开进行比对。

5．Windows“任务管理器”的使用。

（1）启动“画图”程序，然后打开 Windows“任务管理器”窗口，记录系统当前信息：

①“画图”的 CPU 使用率 ________；

②“画图”的内存使用率 ________；

③ 系统当前应用数：________；后台进程数：________；Windows 进程数：________；

④“画图”的线程数：________________。

操作提要

按【Ctrl+Alt+Delete】组合键，打开“任务管理器”窗口，可查看系统当前信息；选择“详细信息”选项卡，然后在列表框中标题栏处右击，在弹出的快捷菜单中选中“选择列”命令，设置“线程”可见，如图 1-2-4 所示。

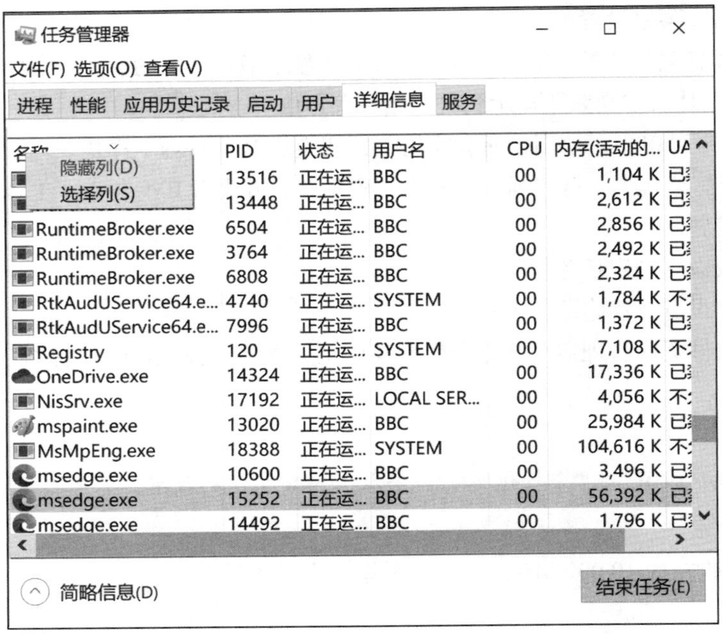

图 1-2-4　设置显示线程数

（2）通过 Windows“任务管理器”终止“画图”程序的运行。

操作提要

在“任务管理器”|“进程”|“应用”|“画图”处，右击打开快捷菜单，选择“结束任务”命令即可。

6．关闭 Windows 中的“NFS”服务。

操作提要

使用“Windows 设置”|“应用”|“应用和功能”|“可选功能”|“更多 Windows 功能”|“启用或关闭 Windows 功能”关闭，如图 1-2-5 和图 1-2-6 所示。

7．将 U 盘上所有的文件夹和文件复制到本地磁盘，然后格式化 U 盘，并将自己的学号设置为 U 盘名称，最后将文件重新复制回 U 盘上。

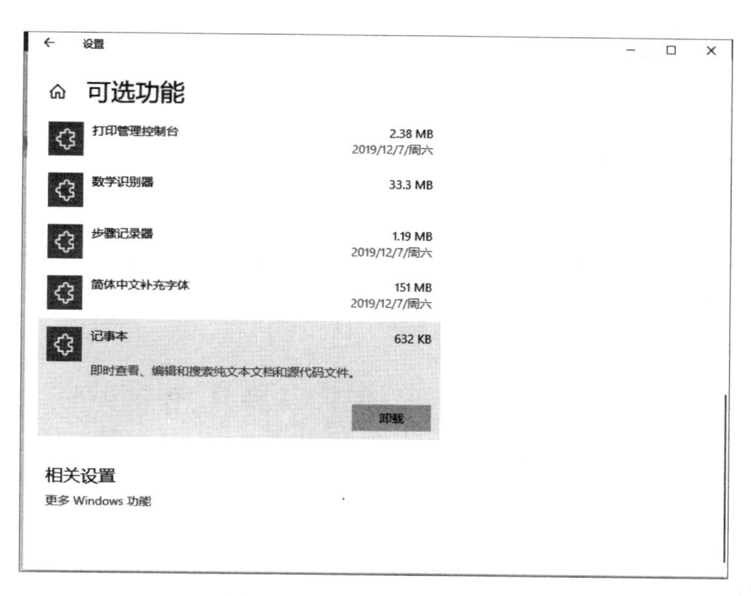

图 1-2-5　Windows 更多设置

图 1-2-6　Windows 功能启动与关闭

操作提要

U 盘或磁盘不能处于写保护状态，不能有正在运行的文件。

8. 启动“磁盘清理”程序，尝试对 C 盘进行清理，查看下列可释放的文件大小。

（1）已下载的程序文件：____________；

（2）Internet 临时文件：____________；

（3）回收站：____________；

（4）缩略图：____________。

9．使用 Windows 的搜索功能。

在 Windows 中查找“计算器”工具，将程序员模式的界面截图保存到文件“calculator.jpg”中，并存储到路径“C:\GNNU_jsj\jsj1”中。

操作提要

在“任务栏”|“搜索”文本框中，输入“计算器”或“calculator”，在左上角菜单中打开“程序员”式使用界面。

10．系统备份与恢复。

通过“Windows 设置”|“更新和安全”|“备份”|“转到‘备份和还原’（Windows 7）”|“创建系统映像”进行系统备份。

11．软件管理。

（1）安装软件 WinRAR 和 QQ；

操作提要

软件安装时直接双击其 exe 文件。（安装文件见素材包）

（2）删除 Windows 10 中自带的“Windows Media Player”应用程序。

操作提要

应用程序的删除要通过“卸载”来完成，对于系统自带应用程序的卸载，可在“Windows 设置”|“应用”|“应用和功能”|“管理可选功能”选项中查找出，再进行卸载删除，如图 1-2-7 所示。

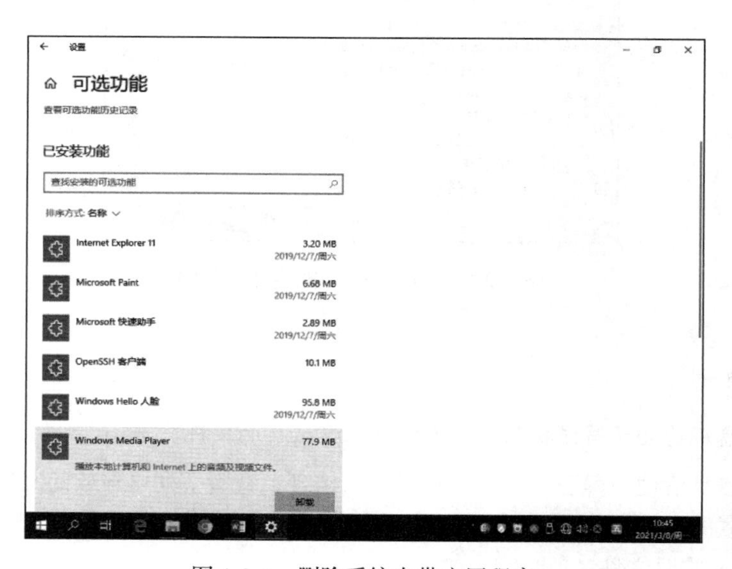

图 1-2-7　删除系统自带应用程序

12．打印设置。

在“Windows 设置”窗口中选择“设备”中的“打印机和扫描仪”，通过“添加打印机或扫描仪”

中的手动方式，安装打印机 Generic IBM Graphics 9pin。最后将测试页打印到文件“C:\ GNNU_jsj\test.prn”中。

操作提要

在“Windows 设置”|“设备”|“打印机和扫描仪”中，选择“添加打印机和扫描仪”|“我需要的打印机不在列表中”|“通过手动设置添加本地打印机或网络打印机”，然后在“使用现有的端口”下拉列表中选择“打印到文件”选项，如图 1-2-8、图 1-2-9 所示，即可安装一个可打印到文件的虚拟打印机，为没有连接打印机的计算机输出文件。

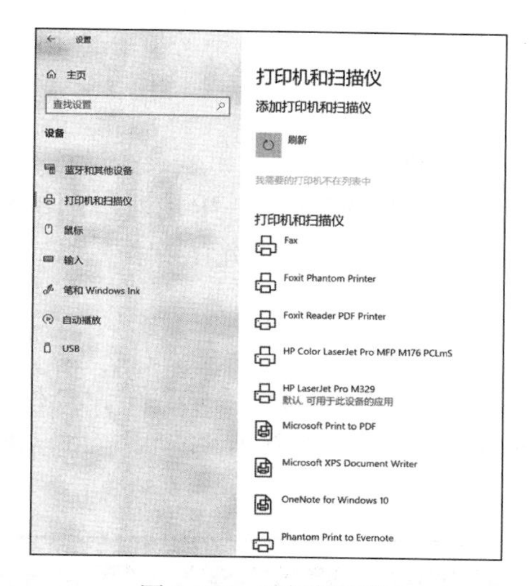

图 1-2-8　添加打印机

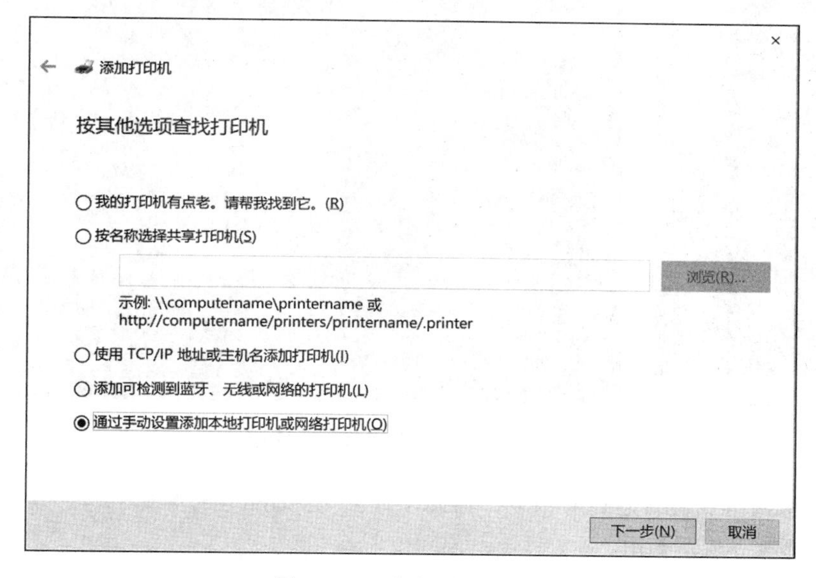

图 1-2-9　手动安装打印机

实验三　互联网的基本操作

一、实验目的

1. 掌握计算机网络信息的查看方法。
2. 掌握互联网应用的基本操作。

二、实验内容

1. 查看本机网络信息和连通情况。

（1）使用 ipconfig 命令，查看本机物理地址、IP 地址、子网掩码、默认网关、DNS 服务器等信息，并将结果复制到文件“ipconfig.txt”中，并存到路径“C:\GNNU_jsj\jsj1”中。

操作提要

① 选择“开始”|“所有应用”|“Windows 系统”|“命令提示符”命令，在打开的“命令提示符”窗口中输入“ipconfig”命令，如图 1-3-1 所示，可以看出 IP 地址、子网掩码、默认网关等信息。

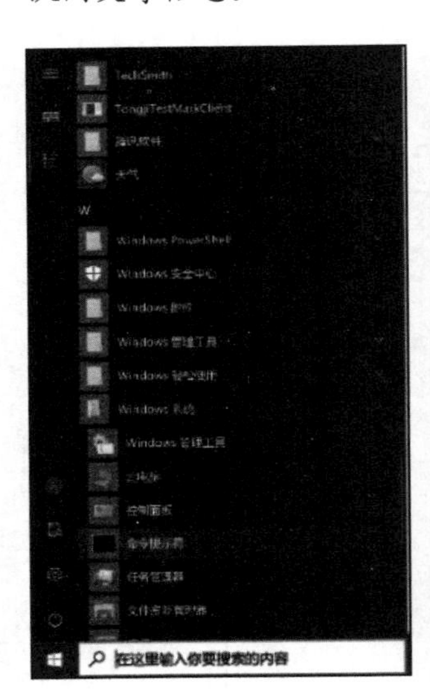


```
选择命令提示符
C:\Users>ipconfig

Windows IP 配置

以太网适配器 以太网:

   媒体状态  . . . . . . . . . . . . : 媒体已断开连接
   连接特定的 DNS 后缀 . . . . . . . :

以太网适配器 以太网 4:

   媒体状态  . . . . . . . . . . . . : 媒体已断开连接
   连接特定的 DNS 后缀 . . . . . . . :

无线局域网适配器 本地连接* 1:

   媒体状态  . . . . . . . . . . . . : 媒体已断开连接
   连接特定的 DNS 后缀 . . . . . . . :

无线局域网适配器 本地连接* 3:

   媒体状态  . . . . . . . . . . . . : 媒体已断开连接
   连接特定的 DNS 后缀 . . . . . . . :

无线局域网适配器 WLAN:

   连接特定的 DNS 后缀 . . . . . . . :
   本地链接 IPv6 地址. . . . . . . . : fe80::290c:cb77:200c:1d6d%10
   IPv4 地址 . . . . . . . . . . . . : 192.168.1.106
   子网掩码  . . . . . . . . . . . . : 255.255.255.0
   默认网关. . . . . . . . . . . . . : 192.168.1.1

以太网适配器 蓝牙网络连接:

   媒体状态  . . . . . . . . . . . . : 媒体已断开连接
   连接特定的 DNS 后缀 . . . . . . . :

C:\Users>
```

图 1-3-1　命令提示符窗口使用

② 计算机网络相关信息还有很多，因此，可使用 ipconfig 的其他附加选项来查看。如，增加“-all”选项查看，如图 1-3-2 所示。

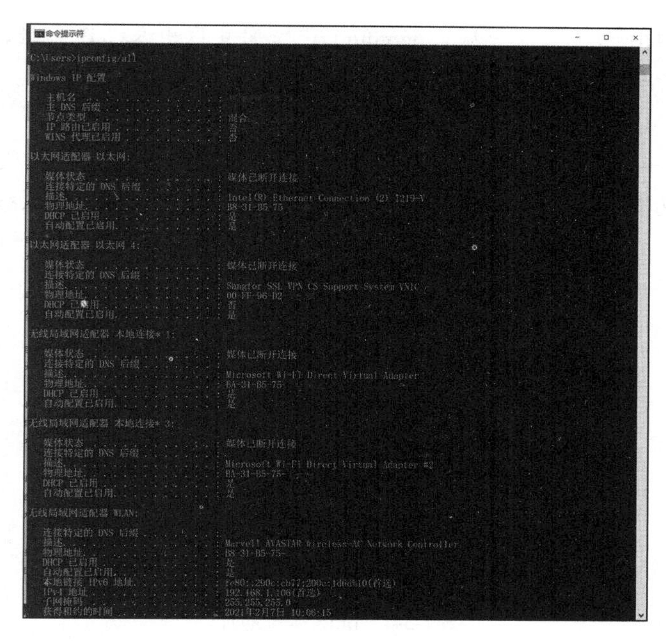

图 1-3-2　ipconfig/-all 命令

注　意：由于篇幅问题，图 1-3-2 并未全部显示已获得的信息。

（2）使用 ping 命令，查看本机连通情况，将结果复制到文件“ping.txt”中，并存到路径“C:\GNNU_jsj\jsj1”中。

操作提要

① 在“命令提示符”窗口中，输入“ping”命令，如图 1-3-3 所示，看到此命令可用选项。

```
选择命令提示符
C:\Users>ping

用法: ping [-t] [-a] [-n count] [-l size] [-f] [-i TTL] [-v TOS]
           [-r count] [-s count] [[-j host-list] | [-k host-list]]
           [-w timeout] [-R] [-S srcaddr] [-c compartment] [-p]
           [-4] [-6] target_name

选项:
    -t             Ping 指定的主机，直到停止。
                   若要查看统计信息并继续操作，请键入 Ctrl+Break;
                   若要停止，请键入 Ctrl+C。
    -a             将地址解析为主机名。
    -n count       要发送的回显请求数。
    -l size        发送缓冲区大小。
    -f             在数据包中设置“不分段”标记(仅适用于 IPv4)。
    -i TTL         生存时间。
    -v TOS         服务类型(仅适用于 IPv4。该设置已被弃用，
                   对 IP 标头中的服务类型字段没有任何
                   影响)。
    -r count       记录计数跃点的路由(仅适用于 IPv4)。
    -s count       计数跃点的时间戳(仅适用于 IPv4)。
    -j host-list   与主机列表一起使用的松散源路由(仅适用于 IPv4)。
    -k host-list   与主机列表一起使用的严格源路由(仅适用于 IPv4)。
    -w timeout     等待每次回复的超时时间(毫秒)。
    -R             同样使用路由标头测试反向路由(仅适用于 IPv6)。
                   根据 RFC 5095，已弃用此路由标头。
                   如果使用此标头，某些系统可能丢弃
                   回显请求。
    -S srcaddr     要使用的源地址。
    -c compartment 路由隔离舱标识符。
    -p             Ping Hyper-V 网络虚拟化提供程序地址。
    -4             强制使用 IPv4。
    -6             强制使用 IPv6。
```

图 1-3-3　ping 命令

② 查看本机网络情况时，需要从“ipconfig.txt”文件中取出本机 IP 地址，配合使用“ping”命令，如图 1-3-4 所示，ping + 本机 IP。

> **注　意**：ping + 本机 IP，指 ping 命令向本机 IP 发送数据包（通常默认为 4 次），从图 1-3-4 的统计信息中可看出，本次数据包传输 0% 丢失，说明本机网络状态良好。

```
命令提示符
C:\Users>ping 192.168.1.106

正在 Ping 192.168.1.106 具有 32 字节的数据:
来自 192.168.1.106 的回复: 字节=32 时间<1ms TTL=128
来自 192.168.1.106 的回复: 字节=32 时间<1ms TTL=128
来自 192.168.1.106 的回复: 字节=32 时间<1ms TTL=128
来自 192.168.1.106 的回复: 字节=32 时间<1ms TTL=128

192.168.1.106 的 Ping 统计信息:
    数据包: 已发送 = 4, 已接收 = 4, 丢失 = 0 (0% 丢失),
往返行程的估计时间(以毫秒为单位):
    最短 = 0ms, 最长 = 0ms, 平均 = 0ms
```

图 1-3-4　ping 本机地址

（3）使用 ping 命令查看“上海市高等学校计算机基础教学资源平台”网站连通情况，并将结果复制到文件“ping.txt”中，在本机网络信息之后域名查看示例如图 1-3-5 所示。

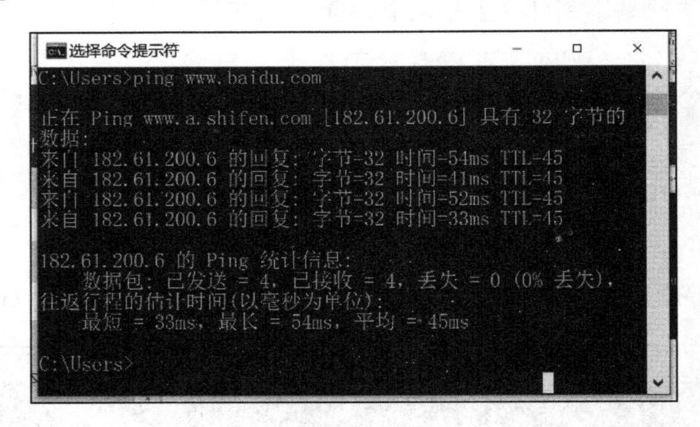

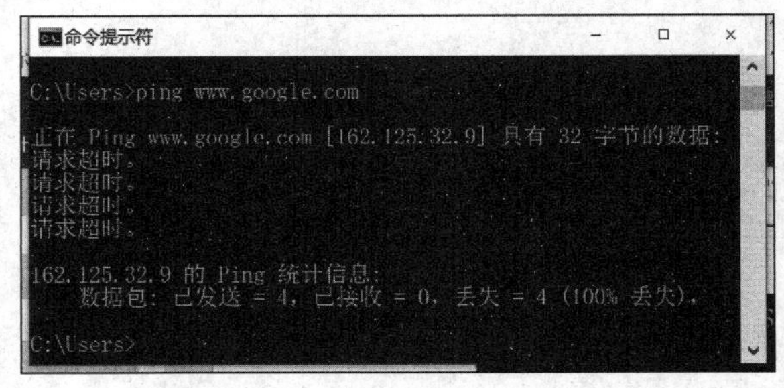

图 1-3-5　ping 域名

2．一般网络浏览。

（1）使用浏览器，查看“赣南师范大学”官网中“历史沿革”的内容，截图保存到文件“校史 .txt”，并存到路径“C:\GNNU_jsj\jsj1”中。

Windows 10 中默认有 2 种浏览器“Microsoft Edge”和“Internet Explorer”，这两种浏览器都可实现网络浏览，“Microsoft Edge”是 Windows 10 之后推出的浏览器，由于内核更轻度，其打开网页的速度更快。

（2）使用“Microsoft Edge”，在地址栏输入“中国高等教育学生信息网”，进入“中国高等教育学生信息网”（学信网）官网，在“学信档案”中注册个人账户，查看个人学籍情况，截图保存到文件“学信信息 .jpg”，并存到路径“C:\GNNU_jsj\jsj1”中。

3. 搜索引擎“百度”的使用。

（1）进入“百度”官网，利用“地图”查找从“江西省赣州市蓉江新区师院路”到“赣州西站”，驾车方式的路线图，截图保存到文件“路线图 .jpg”，并存到路径“C:\GNNU_jsj\jsj1”中。

（2）利用“图片”搜索方式，查找“拓扑网络”的简单示意图，将图片保存到文件“拓扑网络 .jpg”，并存到路径“C:\GNNU_jsj\jsj1”中。

（3）利用“更多”中的“百科”功能，查找中国二十四节气之一“立冬”的介绍，以及“立冬”的其他义项。将搜索结果截图保存到文件“立冬 .jpg”，并存到路径“C:\GNNU_jsj\jsj1”中。

（4）利用“文库”功能，查找“计算机网络”PPT 文件，下载其中一篇，重命名为“计算机网络 .ppt”，并存到路径“C:\GNNU_jsj\jsj1”中。

操作提要

.ppt 文件扩展名也可能是 .pptx。

4. 电子邮箱的使用。

（1）登录“网易”（http://www.163.com），进入“免费邮箱”功能，注册个人免费邮箱。

操作提要

可在浏览器地址栏中输入“163”，然后使用【Ctrl+Enter】组合键，即可直接进入网站，系统自动填入以 .com 结尾的域名。

注　意：注册个人邮箱时，务必牢记账号和密码。

（2）使用已注册的个人邮箱，发一封邮件给“GNNU_jsj@163.com”和一位同宿舍同学，并抄送给班级另一位同学，邮件内容为学生班级、姓名、学号。

（3）使用已注册的个人邮箱，查看已接收到的邮件，并回复给同宿舍同学一封带有“图片附件”的邮件。

（4）新建邮箱通讯录，设置分组名称为“同学”，并将同宿舍同学邮箱加入到该分组中。

5. 学术网站的使用。

（1）打开“中国知网”（http://www.cnki.net），以“信息技术”为关键词进行查找，再用“技能”一词在“结果中检索”。

（2）按“被引”数量为顺序进行排序，将被引量最高的文章打开，截图保存到文件“被引最高 .jpg”，并存到路径“C:\GNNU_jsj\jsj1”中。

（3）使用“高级检索”，按主题词“高职”和关键词“信息技术”，查找发表于 2018 年 1 月 1 日到当前日期的文章，截图保存到文件“高级检索 .jpg”，并存到路径“C:\GNNU_jsj\jsj1”中。

操作提要

“高级检索”可查找多个关键词的组合，也可使用在“结果中检索”，将多个关键词分多次查找。

6. 下载软件。

在互联网中查找“360 杀毒”“360 安全卫士”两款软件，并下载安装到计算机 C 盘。

操作提要

下载时确认软件支持的系统版本。

实验四 网络安全技术

一、实验目的

1. 掌握计算机安全管理的基本操作。
2. 掌握 Windows 10 网络应用的基本操作。

二、实验内容

1. Windows Defender 基本操作：

（1）启动或取消“Windows Defender 防火墙和网络保护”，截图保存到文件“Defender.jpg”中，并存储到路径“C:\GNNU_jsj\jsj1”中。

操作提要

在“控制面板”窗口的“系统和安全”选项中进行设置。

（2）添加两条入站规则：添加“程序”C:\System32\notepad.exe；添加“端口”TCP 20000。

（3）使用 Windows Defender 对本机 C: 盘进行扫描，截图保存到文件“病毒扫描 .jpg”，并存到路径“C:\GNNU_jsj\jsj1”中。

2. 360 工具基本操作。

使用并比较“360 杀毒”“360 安全卫士”两款软件：使用“360 安全卫士”清理本机内存、开机程序；使用“360 杀毒”设置本机实时监控。

3. OneDrive 云存储。

（1）注册自己的 Microsoft 账户。

（2）将“GNNU_jsj”移动到 OneDrive 中。

操作提要

在 Windows 10 中保存文件时，默认保存到 OneDrive 中。此处是将其他位置对象移动到 OneDrive 中。

4. 建立远程连接：

与旁边的同学建立远程访问，并将对方“桌面”截图保存到文件“远程桌面 .jpg”，并存到路径“C:\GNNU_jsj\jsj1”中。

第二章 文字信息处理

实验一 Word 2016 文档的基本排版（一）

一、实验目的

1．熟悉 Word 2016 窗口中各种基本功能及其使用。
2．掌握文档的建立、保存与打开方式。
3．掌握文档的基本编辑方法，包括删除、修改、插入、复制和移动等操作。
4．熟练掌握文档编辑中的快速编辑：文本的查找与替换、拼写和语法等操作。
5．掌握字符、段落的格式化方法。
6．掌握项目符号和编号、制表位、分栏、页面设置及页面水印的操作。
7．掌握文档的不同显示方式。

二、实验内容

1．打开素材中的 word1.docx 文件，按照以下要求操作，效果样张如图 2-1-1 所示。

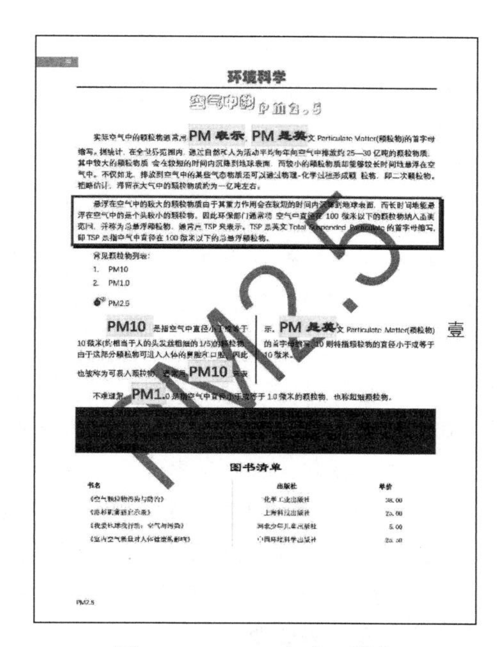

环境科学

空气中的 PM2.5

实际空气中的颗粒物通常用 PM 表示，PM 是英文 Particulate Matter(颗粒物)的首字母缩写。据统计，在全世界范围内，通过自然和人为活动平均每年向空气中排放约 25—30 亿吨的颗粒物质。其中较大的颗粒物质会在较短的时间内沉降到地球表面，而较小的颗粒物质却能够较长时间地悬浮在空气中。不仅如此，排放到空气中的某些气态物质还可以通过物理-化学过程形成颗粒物，即二次颗粒物。粗略估计，滞留在大气中的颗粒物质约为一亿吨左右。

悬浮在空气中的较大的颗粒物质由于其重力作用会在较短的时间内沉降到地球表面，而长时间地能悬浮在空气中的是个头较小的颗粒物。因此环保部门通常将空气中直径在 100 微米以下的颗粒物纳入监测范围，并称为总悬浮颗粒物，通常用 TSP 来表示。TSP 是英文 Total Suspended Particulate 的首字母缩写，即 TSP 是指空气中直径在 100 微米以下的总悬浮颗粒物。

常见颗粒物列表：

1. PM10
2. PM1.0
3. PM2.5

PM10 是指空气中直径小于或等于 10 微米(约相当于人的头发丝粗细的 1/5)的颗粒物。由于这部分颗粒物可进入人体的鼻腔和口腔，因此也被称为可吸入颗粒物，通常用 PM10 来表示。PM 是英文 Particulate Matter(颗粒物)的首字母缩写，10 则特指颗粒物的直径小于或等于 10 微米。

壹

不难理解，PM1.0 是指空气中直径小于或等于 1.0 微米的颗粒物，也称超细颗粒物。

图书清单

书名	出版社	单价
《空气颗粒物污染与防治》	化学工业出版社	38.00
《洛杉矶雾霾启示录》	上海科技出版社	25.00
《我爱地球我行动：空气与污染》	湖北少年儿童出版社	5.00
《室内空气质量对人体健康的影响》	中国环境科学出版社	25.50

PM2.5

图 2-1-1　Word 实验一样张

2．字符格式设置。

（1）标题设置字体为华文彩云、22 磅，文本效果为“文本效果和版式”库中“填充 : 黑色，文本色 1，轮廓 : 白色，背景 1，清晰背景 - 背景 1”效果，居中显示。

（2）将标题中的“PM2.5”，字符间距加宽 5 磅，位置降低 10 磅。

操作提要

“间距”和“位置”的设置，可单击“开始”选项卡“字体”组中的对话框启动器按钮，打开“字体”对话框，在“高级”选项卡中设置，如图 2-1-2 所示。

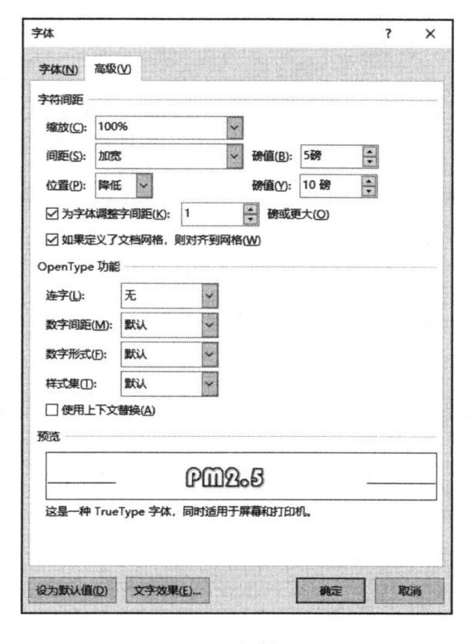

图 2-1-2　“字体”对话框

3．查找与替换操作。

将文章中除标题和最后一段以外的所有“PM”及其后任意两个字符的格式设置为隶书、加粗、红色、20 磅、突出显示。

操作提要

① 根据样张，替换文本的突出显示颜色为黄色，首先确认“开始”|“字体”|“以不同颜色显示突出显示文本”选项对应的颜色为“黄色”；如果不是，通过使用该选项下拉菜单（倒三角）设置颜色为“黄色”。

② 选中除标题和最后一段以外的所有段落，然后选择“开始”|“编辑”|“替换”命令，打开“查找和替换”对话框，在“替换”|“查找内容”的文本框中输入“PM”，单击“更多”按钮展开对话框，再单击“特殊格式”按钮，在列表中选择“任意字符”选项，由此在“PM”后插入表示任意字符的符号“^?”，相同操作再重复执行一次。注意：如果使用选择区块内容后执行“查找和替换”，区域文字颜色全部变成了红色，操作的方式可以修改为不选择区块内容，光标定位到第一段，先执行向下的“查找替换”，然后再利用格式刷功能，将多余的内容恢复为原来的格式，操作方式参见第④步。

③ 将光标定位到“替换为”文本框中，单击“格式”按钮，选择“字体”选项，在“替换字体”对话框中设置隶书、加粗、红色、20 磅等文本格式，如图 2-1-3 所示。再单击“格式”按钮，选择“突出显示”选项。设置搜索选项中搜索范围为“向下”，单击“全部替换”按钮，进行全部替换，如图 2-1-4 所示。

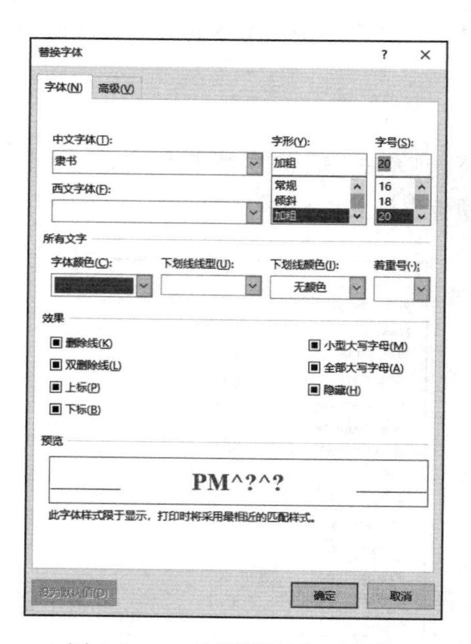

图 2-1-3　“替换字体”对话框

④ 全部替换完成时，出现询问“是否从头断续搜索？”对话框，单击“否”按钮，保证替换文本区域的正确性。

图 2-1-4 “查找和替换”对话框

注　意： 替换文字颜色时，如出现全部文字颜色被更换的情况，可通过以下方式解决：
① 进入“控制面板” | “程序” | “程序和功能”；
② 右击“Office 组件”，在弹出的快捷菜单中选择“更改”命令；
③ 选择“修复”单选按钮。

4．格式刷的使用。

将正文中“常见颗粒物列表”已被替换的内容恢复成原始样式。

操作提要

光标定位到未被替换的段落文字任意位置，选择“开始” | “剪贴板” | “格式刷”选项，然后对列表内容进行拖动恢复。注意：此处的选择，可以使用单击的方式，也可以使用双击的方式，如果是双击的方式，在恢复内容后，需要再单击“格式刷”或者按【Esc】键，取消格式刷选择状态。

5．段落格式设置。

将文中所有段落的段前、段后间距都设置为 3 磅，首行缩进 2 个字符。

操作提要

单击“开始” | “段落”组中的对话框启动器按钮，在打开的“段落”对话框中，“段前”

和“段后”的参数若不是以磅为单位，此时可直接在参数文本框中输入“3 磅”。

6．边框和底纹。

（1）为第二段添加颜色为“橙色、个性色 6，深色 25%”，3 磅的阴影边框。

（2）为最后一段添加填充色为“橙色、个性色 6、深色 25%”，20% 样式，自动颜色的底纹。

操作提要

选择“开始”|“段落”|“边框”|“边框和底纹”选项，打开“边框和底纹”对话框，分别在“边框”选项卡和“底纹”选项卡中设置边框和底纹（见图 2-1-5）。

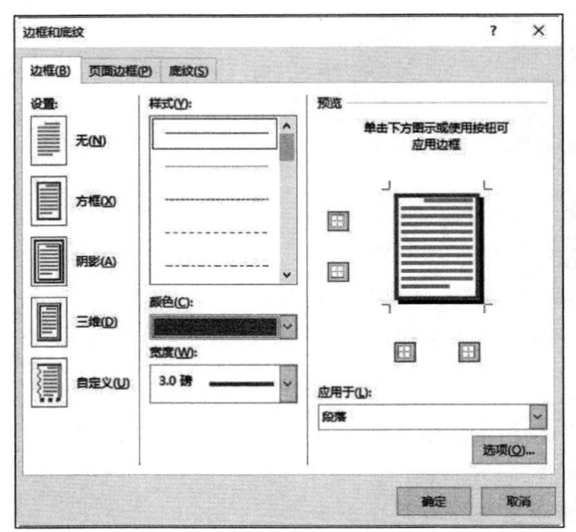

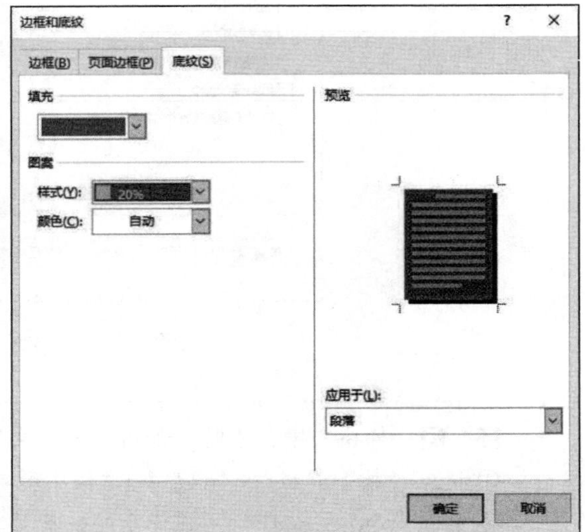

图 2-1-5 “边框和底纹”对话框

7．制表位设置表格。

参照样张中最后的“图书清单”表格内容，利用制表位设置无边框表格效果。

（1）输入标题“图书清单”。

（2）利用制表位设置表格格式，指定制表位及显示效果为：1.35 字符左对齐，无前导符；20 字符竖线对齐；27 字符居中对齐，无前导符；40.5 小数点对齐，无前导符。

（3）标题文本格式：隶书、18 磅、居中；字段名称文本格式：宋体、9 磅、加粗；其余文本格式：宋体、9 磅。

操作提要

① 清除该行原有首行缩进，输入标题后新建段落，选择“开始”|“段落”|“中文版式”|“制表位”选项，打开“制表位”对话框，在对话框中设置制表位位置及其他相关参数，如图 2-1-6 所示。

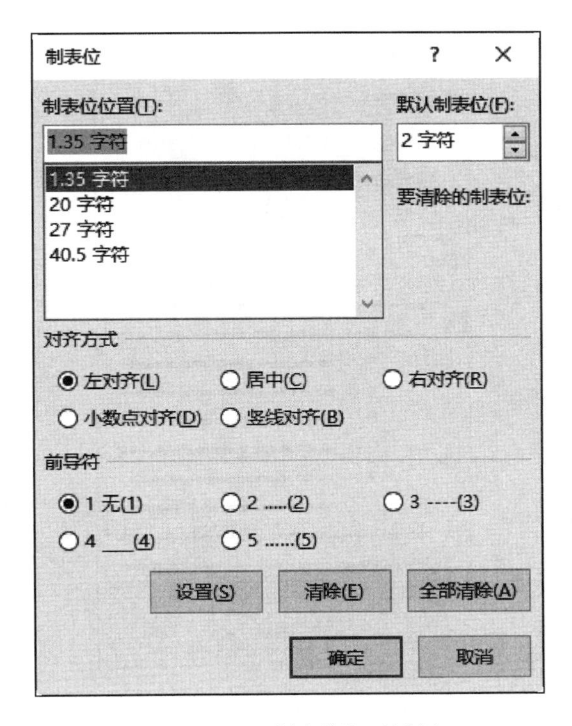

图 2-1-6 “制表位”对话框

② 参照样张，输入各项内容，每输入一个单元格内容，按【Tab】键定位到下一个制表位，输入下一单元格内容即可。

8. 项目符号。

为“常见颗粒物列表”设置项目符号，前面两项设置编号，样式参考样张，“PM2.5”前加项目符号，符号颜色为红色，16 磅，其余默认。

操作提要

① 由于项目符号“💣”不在默认项目符号库中，可选择“开始”|“段落”|“项目符号”|“定义新项目符号”选项，打开图 2-1-7 所示的“定义新项目符号”对话框，单击“符号”按钮，打开“符号”对话框，如图 2-1-8 所示。在“Wingdings”字体库中，找到所需的项目符号。由于不同字体呈现的符号样式不同，也可根据实际需要通过更改字体选择。

② 项目符号颜色和大小的设置与文本设置相同，即通过“开始”|“字体”中的颜色和大小进行设置。

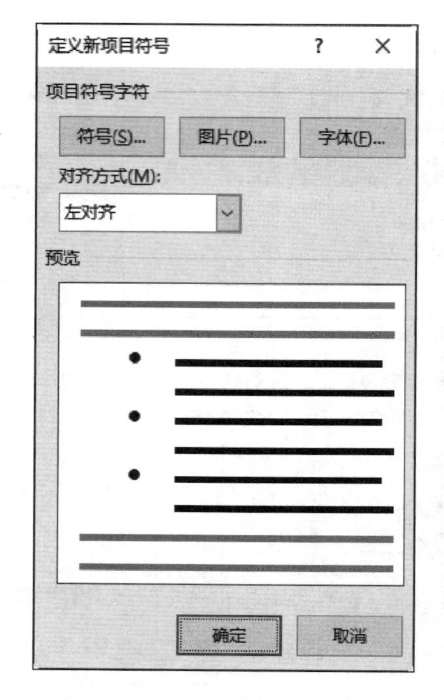

图 2-1-7　“定义新项目符号”对话框

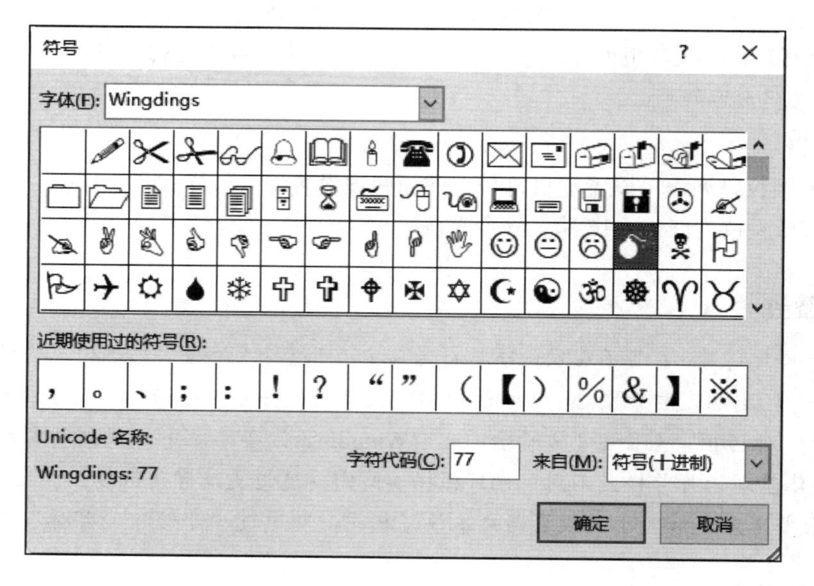

图 2-1-8　“符号”对话框

9．分栏。

对文字部分第四段进行分栏，设置为两栏、分隔线。

操作提要

选择“布局”|“页面设置”|“分栏”|“更多分栏”命令，在打开的“分栏”对话框中进行设置，如图 2-1-9 所示。

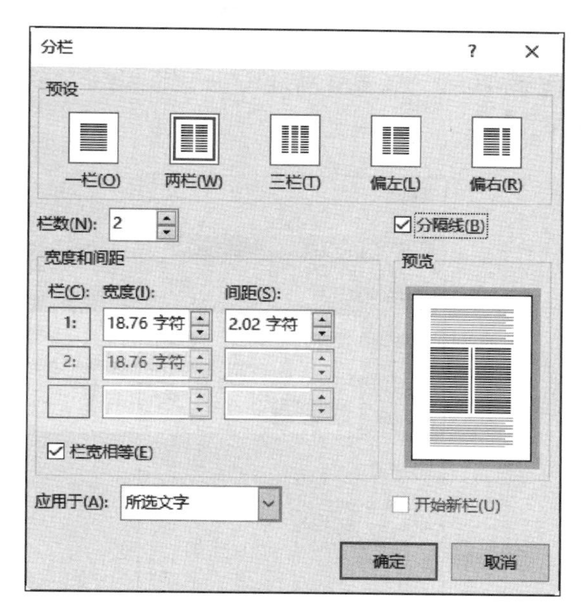

图 2-1-9 “分栏”对话框

10．页面边距、页眉和页脚。

（1）设置文档左右页边距为 2 cm。

（2）设置运动型（偶数页）页眉，内容为“环境科学”，文本格式为华文琥珀、20 磅，橙色 - 个性色 6，居中显示。

（3）插入空白型页脚，内容为“PM2.5”。

（4）插入页码，页码格式为“壹，贰，叁……”，位置为“页边距 / 普通数字 / 大型（右侧）”。

操作提要

① 选择“布局”|“页面设置”|“页边距”|“自定义边距”选项，打开“页面设置”对话框，在“页边距”选项卡中进行设置；注意，在设置页边距时，此处应设置应用于的范围为“整篇文档”，否则会出现局部页面被设置页边距的情况。

② 选择“插入”|“页眉和页脚”|“页眉”|“运动型（偶数页）”内置页眉选项，输入页眉内容并设置文本格式；注意，页眉第一行是输入“文档标题”内容，橙色底纹是页码所在位置，页眉内容在第二行。

③ 选择“页眉和页脚工具 / 设计”|“导航”|“转至页脚”选项，如图 2-1-10 所示，切换到页脚编辑区域，在页脚位置输入页脚内容。

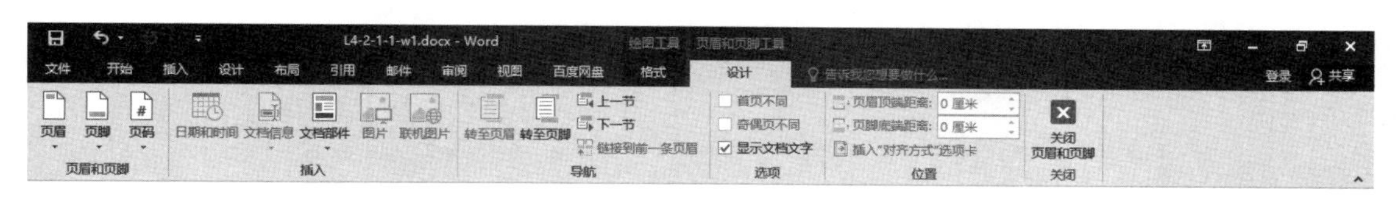

图 2-1-10 “页眉和页脚工具 / 设计”选项卡

④ 选择“页眉和页脚工具/设计”|“页眉和页脚”|“页码”|“页边距”|“大型（右侧）”普通数字页码选项，再选择同组中“设置页码格式”选项，打开“页码格式”对话框设置其他参数，如图 2-1-11 所示。

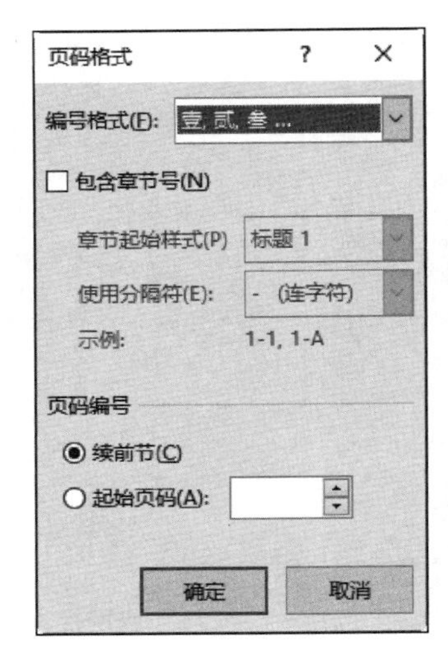

图 2-1-11　“页码格式”对话框

11．页面水印。

添加“PM2.5”文字水印，颜色为“黑色，文字 1，淡色 35%”。

操作提要

选择“设计”|“页面背景”|“水印”|“自定义水印”选项，打开“水印”对话框添加水印及进行水印效果的设置。如图 2-1-12 所示。

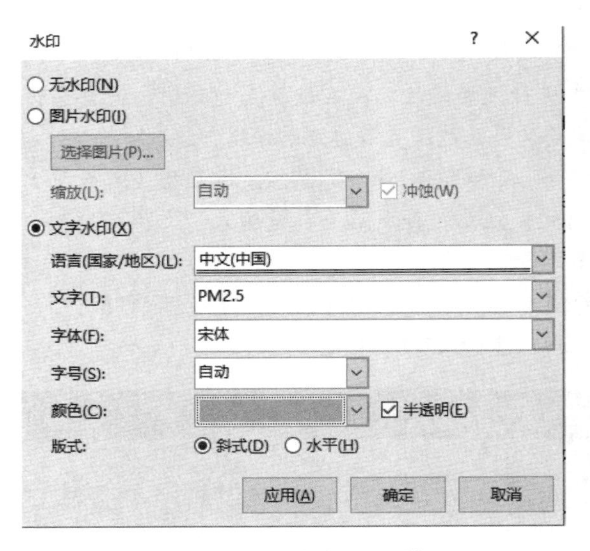

图 2-1-12　“水印”对话框

12．将排版好的内容以“word1-学号.docx”文件名保存。

实验二　Word 2016 文档的基本排版（二）

一、实验目的

1. 熟悉 Word 2016 窗口中各种基本功能及其使用。
2. 掌握文档的建立、打开与保存。
3. 掌握文档的基本编辑方法，包括删除、修改、插入、复制和移动等操作。
4. 熟练掌握文档编辑中的快速编辑方法，包括文本的查找与替换、拼写和语法等操作。
5. 掌握字符、段落的格式化方法。
6. 掌握项目符号和编号、表格、分栏、页面设置及页面水印的操作。
7. 掌握文档的不同显示方式。

二、实验内容

1. 打开素材中的 word2.docx 文件，按照以下要求操作，效果样张如图 2-2-1 所示。

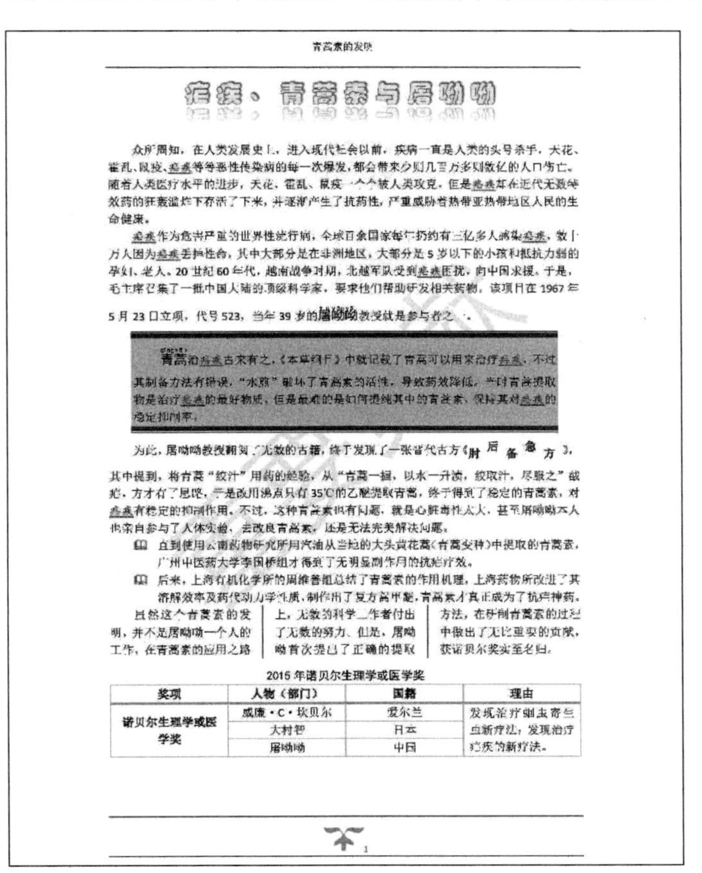

青蒿素的发明

疟疾、青蒿素与屠呦呦

众所周知，在人类发展史上，进入现代社会以前，疾病一直是人类的头号杀手，天花、霍乱、鼠疫、疟疾等等恶性传染病的每一次爆发，都会带来少则几百万多则数亿的人口伤亡。随着人类医疗水平的进步，天花、霍乱、鼠疫一个个被人类攻克，但是疟疾却在近代无数特效药的狂轰滥炸下存活了下来，并逐渐产生了抗药性，严重威胁着热带亚热带地区人民的生命健康。

疟疾作为危害严重的世界性流行病，全球百余国家每年仍约有三亿多人感染疟疾，数十万人因为疟疾丢掉性命，其中大部分是在非洲地区，大部分是 5 岁以下的小孩和抵抗力弱的孕妇、老人。20 世纪 60 年代，越南战争时期，北越军队受到疟疾困扰，向中国求援。于是，毛主席召集了一批中国大陆的顶级科学家，要求他们帮助研发相关药物。该项目在 1967 年 5 月 23 日立项，代号 523，当年 39 岁的屠呦呦教授就是参与者之一。

青蒿治疟疾古来有之，《本草纲目》中就记载了青蒿可以用来治疗疟疾，不过其制备方法有错误，"水煎"破坏了青蒿素的活性，导致药效降低。当时青蒿提取物是治疗疟疾的最好物质，但是最难的是如何提纯其中的青蒿素，保持其对疟疾的稳定抑制率。

为此，屠呦呦教授翻阅了无数的古籍，终于发现了一张晋代古方《肘后备急方》，其中提到，将青蒿"绞汁"用药的经验，从"青蒿一握，以水一升渍，绞取汁，尽服之"截疟，方才有了思路，于是改用沸点只有 35℃的乙醚提取青蒿，终于得到了稳定的青蒿素，对疟疾有稳定的抑制作用。不过，这种青蒿素也有问题，就是心脏毒性太大，甚至屠呦呦本人也亲自参与了人体实验，去改良青蒿素，还是无法完美解决问题。

- 直到使用云南药物研究所用汽油从当地的大头黄花蒿（青蒿变种）中提取的青蒿素，广州中医药大学李国桥组才得到了无明显副作用的抗疟疗效。
- 后来，上海有机化学所的周维善组总结了青蒿素的作用机理，上海药物所改进了其溶解效率及药代动力学性质，制作出了复方蒿甲醚，青蒿素才真正成为了抗疟神药。

虽然这个青蒿素的发明，并不是屠呦呦一个人的工作，在青蒿素的应用之路上，无数的科学工作者付出了无数的努力。但是，屠呦呦首次提出了正确的提取方法，在研制青蒿素的过程中做出了无比重要的贡献，获诺贝尔奖实至名归。

2015 年诺贝尔生理学或医学奖

奖项	人物（部门）	国籍	理由
诺贝尔生理学或医学奖	威廉·C·坎贝尔	爱尔兰	发现治疗蛔虫寄生虫新疗法；发现治疗疟疾的新疗法。
	大村智	日本	
	屠呦呦	中国	

1

图 2-2-1　Word 实验二样张

2．字符格式设置。

（1）标题设置字体、字号分别为华文琥珀、二号，“填充 - 白色，轮廓 - 着色 2，清晰阴影 - 着色 2”的文字效果，“金色，个性色 4，淡色 80%”的字体颜色，文字间距加宽 3 磅，并设置外部为右上斜偏移的阴影，映像为“半映像，8pt 偏移量”，居中显示。

（2）设置第四段中的古方名称“肘后备急方”加粗、字符加宽 3 磅，设置 1、3、5 字符位置下降 3 磅，2、4 字符位置上升 3 磅。

操作提要

① 标题文字的效果和字体颜色不是同一操作，此处需注意，要达到与样张一致的样式，文字效果和字体颜色操作顺序不能颠倒，包括阴影、映像等效果。

② 对“肘后备急方”这几个字符的设置，有两种方法：一种是同时选中第 1、3、5 个文字在“字体”对话框设置参数（见图 2-2-2），再选中第 2、4 个文字设置参数；另一种方法是先对第 1 个字符设置好后，双击选择“格式刷”，在第 3、5 个文字上分别拖动，把第 1 个字符的格式复制给第 3、5 个字符，取消格式后，用相同的方法先设置第 2 个字符，再用“格式刷”在第 4 个字符上拖动。

图 2-2-2 “字体”对话框

3．查找与替换操作。

将除标题外的所有“疟疾”替换为楷体、红色、五号、双曲红色下画线。

操作提要

① 注意本题要求对除标题以外的所有“疟疾”进行替换，因此选择区域一定要正确。

② 选择“开始”|“编辑”|“替换”选项，打开“查找和替换”对话框设置替换内容，要注意“替换为”文本框中字符格式的设置，将光标定位到该文本框后，单击“更多”|“格式”按钮，选择“字体”选项，打开“替换字体”对话框，在其中设置格式：楷体、红色、五号、双曲红色下画线，设置搜索选项为“向下”，全部替换，如图 2-2-3 所示。

③ 全部替换完成时，出现询问“是否从头继续搜索？”对话框，单击“否”按钮，保证替换文本区域的正确性。

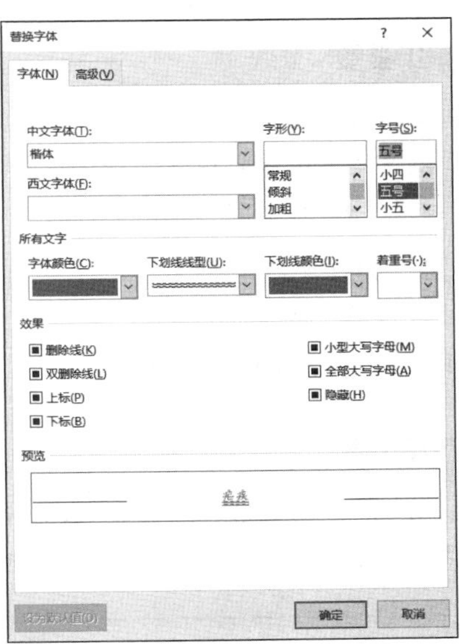

图 2-2-3　查找和替换操作

4．拼音指南。

将正文中出现的第一个“屠呦呦”和“青蒿”设置格式为黑体小四，再为其增加 6 磅黑体的拼音指南。

操作提要

① 可先通过字符和剪贴板相关选项对“屠呦呦”和“青蒿”设置好文字格式。

② 选择“屠呦呦”字符，再选择“开始”|“字体”|“拼音指南”选项，在“拼音指南”对话框中加拼音字母，设置拼音为“黑体”“6”磅，“1-2-1”的居中对齐，如图 2-2-4 所示。字符“青蒿”也做如上操作即可。

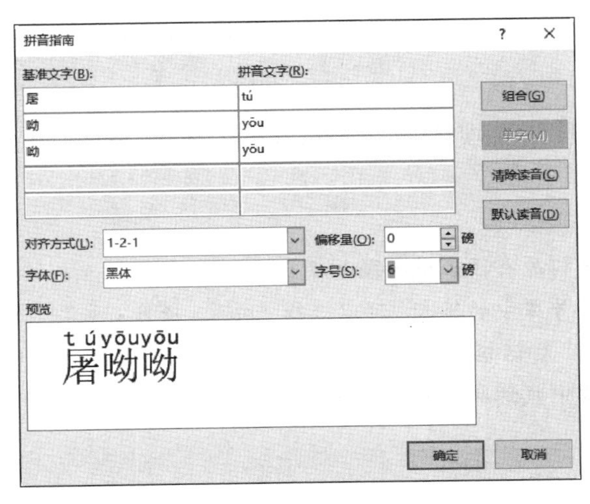

图 2-2-4　“拼音指南”对话框

5．段落格式设置。

将正文所有段落设置为首行缩进 2 字符，设置第三自然段左右各缩进 2 字符。

操作提要

① 正文所有段落设置在前，第三自然段设置在后，尽量保持制作顺序不变。

② 段落的缩进和间距设置除了在“段落”对话框中设置外，还可以直接在“布局”|“段落”组的“缩进”和“间距”中调整数值。

6．边框和底纹。

第三段设置上下边框，蓝色、3 磅，线条样式参照样张；文字添加“蓝色，个性色 5，淡色 80%” 填充，5% 图案样式的底纹。

操作提要

选择段落，可以使用右箭头双击选择；然后选择“开始”|“段落”|“边框”|“边框和底纹”选项，打开“边框和底纹”对话框，在“边框”和“底纹”的选项卡中分别设置，如图 2-2-5 所示。

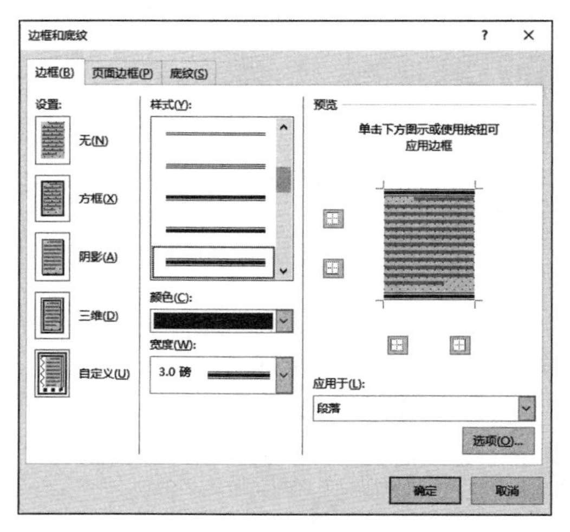

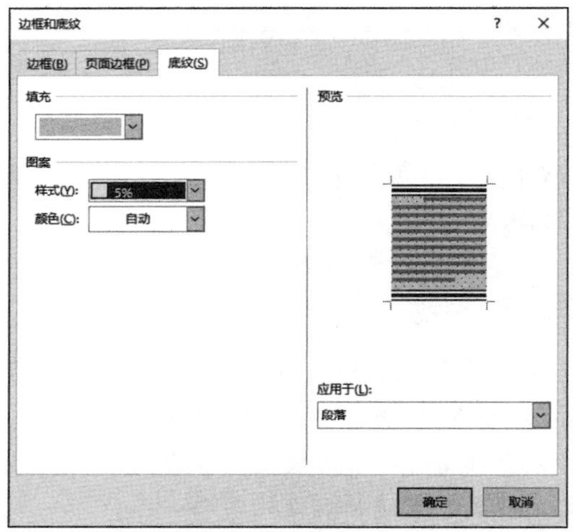

图 2-2-5 “边框和底纹” 对话框

7．项目符号。

将第五段拆分成两段，添加项目符号，样式参照样张，并设置为红色。

操作提要

① 拆分段落，就是将原有段落进行强制换行。

② 不在默认项目符号库中的符号，可以选择“段落|项目符号”|“定义新项目符号”选项，打开“定义新项目符号” 对话框，再单击“符号”按钮，打开图 2-2-6 所示的“符号”对话框，在“Wingdings”字体库中找到所需的项目符号。

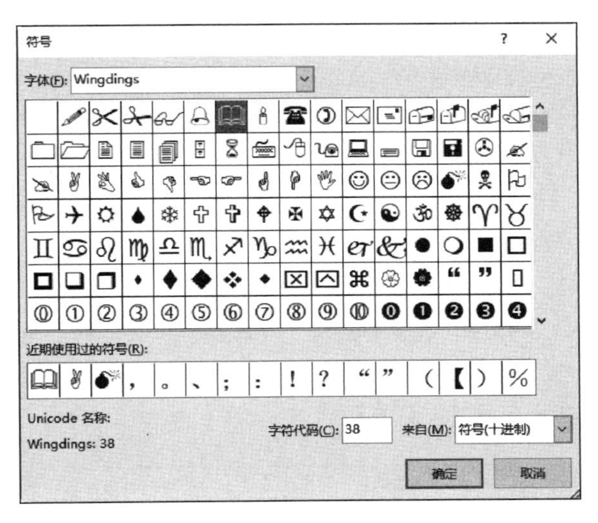

图 2-2-6 “符号”对话框

8．分栏。

对最后一段进行分 3 栏，2 字符间距，添加分割线。

操作提要

① 当对最后一段分栏时，有两种方式：一是在段后多添加一个回车，再对最后一段文字分栏；二是选择全段文字，不包括段后的回车符，再进行分栏。

② 选择“布局”|“页面设置”|“分栏”| “更多分栏”选项，打开“分栏”对话框，设置分栏参数（分栏宽度均分即可，实际数值与图片稍有不同也可），如图 2-2-7 所示。

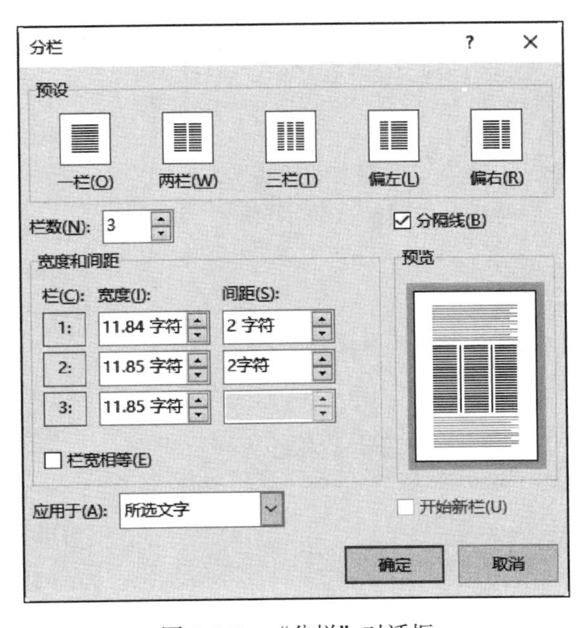

图 2-2-7 “分栏”对话框

9．表格设置。

利用“2015 年诺贝尔生理学或医学奖 .txt”中的内容生成表格。标题文字黑体，10.5 磅，段前 0.5 行，居中显示；表格套用“网格表 1 浅色 - 着色 2”样式，依照样张合并必要的单元格，并设置相应的对齐方式。

操作提要

① 复制文本文档中的全部内容，将第一行文字设置为标题格式。

② 选中除标题外的所有文字，选择“插入”|“表格”|“文本转换成表格”选项，打开“将文字转换成表格”对话框，如图 2-2-8 所示根据表格样式设置参数（图 2-2-1 所示分隔符已在素材中给出，若想使用其他分隔符，需自行修改）。

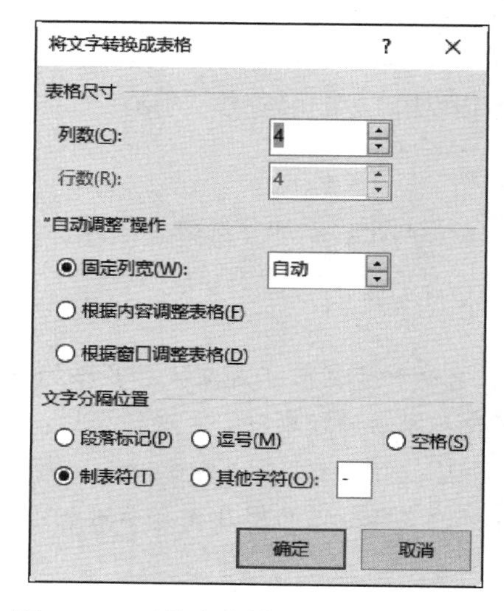

图 2-2-8　“将文字转换成表格”对话框

10．页眉和页脚。

（1）插入空白型页眉，内容为“青蒿素的发明”。

（2）插入花丝页脚，参考样张位置插入数字页码。

操作提要

“空白型”页眉需按题目要求输入内容。

11．页面水印。

设置“重要贡献”文字水印，文字格式为华文细黑，96 号，“灰色 -25%，背景 2”的颜色。

12．将排版好的内容以“word2- 学号 .docx”文件名保存。

实验三　Word 2016 文档的图文混排（一）

一、实验目的

1. 巩固字符格式、段落格式和页面格式等排版技术。
2. 掌握利用艺术字、SmartArt、文本框、首字下沉等手段进行排版的技术。
3. 掌握图像的插入及设置，进行图文混排。
4. 掌握插入形状或者对象的方式并做相关设置。
5. 掌握插入项目符号和编号、分栏等的操作。

二、实验内容

1. 打开素材中的 word3.docx 文件，按照以下要求操作，效果样张如图 2-3-1 所示。

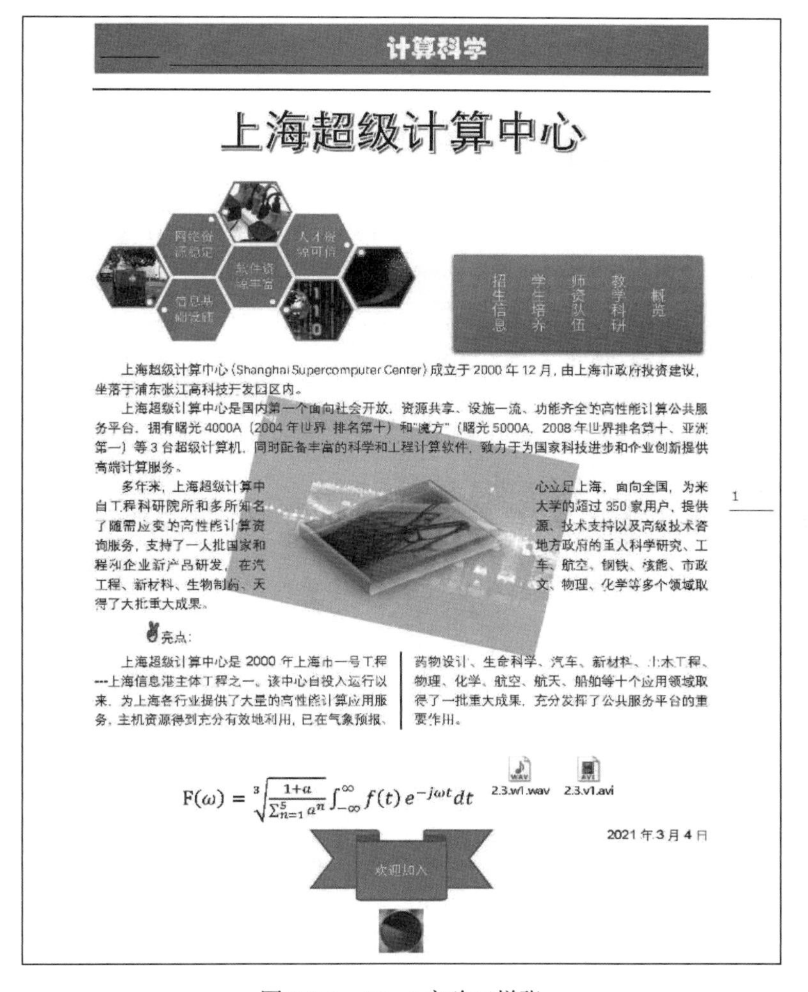

计算科学

上海超级计算中心

招生信息　学生培养　师资队伍　教学科研　概览

上海超级计算中心（Shanghai Supercomputer Center）成立于 2000 年 12 月，由上海市政府投资建设，坐落于浦东张江高科技开发园区内。

上海超级计算中心是国内第一个面向社会开放、资源共享、设施一流、功能齐全的高性能计算公共服务平台，拥有曙光 4000A（2004 年世界排名第十）和"魔方"（曙光 5000A，2008 年世界排名第十、亚洲第一）等 3 台超级计算机，同时配备丰富的科学和工程计算软件，致力于为国家科技进步和企业创新提供高端计算服务。

多年来，上海超级计算中心立足上海，面向全国，为来自工程科研院所和多所知名大学的超过 350 家用户，提供了随需应变的高性能计算资源、技术支持以及高级技术咨询服务，支持了一大批国家和地方政府的重大科学研究、工程和企业新产品研发，在汽车、航空、钢铁、核能、市政工程、新材料、生物制药、天文、物理、化学等多个领域取得了大批重大成果。

亮点：

上海超级计算中心是 2000 年上海市一号工程---上海信息港主体工程之一。该中心自投入运行以来，为上海各行业提供了大量的高性能计算应用服务，主机资源得到充分有效地利用，已在气象预报、药物设计、生命科学、汽车、新材料、土木工程、物理、化学、航空、航天、船舶等十个应用领域取得了一批重大成果，充分发挥了公共服务平台的重要作用。

$$F(\omega)=\sqrt[3]{\frac{1+a}{\sum_{n=1}^{5}a^{n}}}\int_{-\infty}^{\infty}f(t)\,e^{-j\omega t}dt$$

2.3.w1.wav　2.3.v1.avi

2021 年 3 月 4 日

欢迎加入

图 2-3-1　Word 实验三样张

2．页边距设置。

设置左右页边距为 2 厘米。

操作提要

如页边距在最后设置，需要根据样张进行调整，同时还要注意是否有新的节生成，根据节的不同从而应用到不同的范围。

3．插入艺术字并设置。

将标题设置为艺术字，字体为宋体，36 磅，效果为“填充 - 黑色，文本 1，轮廓 - 背景 1，清晰阴影 - 背景 1”，版式为上下环绕。

操作提要

① 选中标题文字，选择“插入”|“文本”|“艺术字”选项，在列表中按题目要求选择指定效果，完成后调整格式，设置“上下型环绕”布局，如图 2-3-2 所示，注意去除原标题中的首行缩进值。

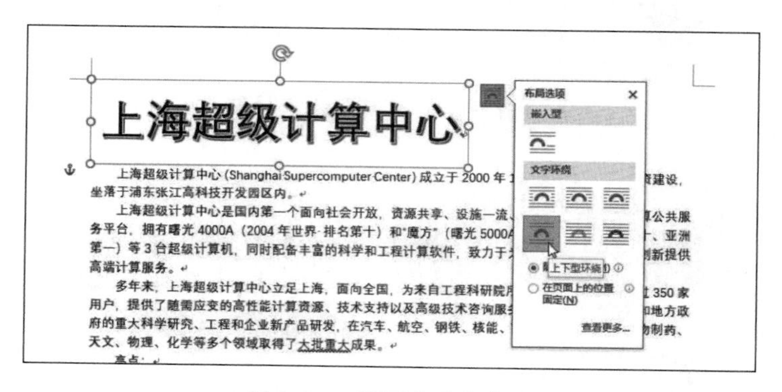

图 2-3-2　设置艺术字布局

② “艺术字”水平居中位置可使用“绘图工具 / 格式”|“排列”|“对齐”|“水平居中”选项进行调整，如图 2-3-3 所示。

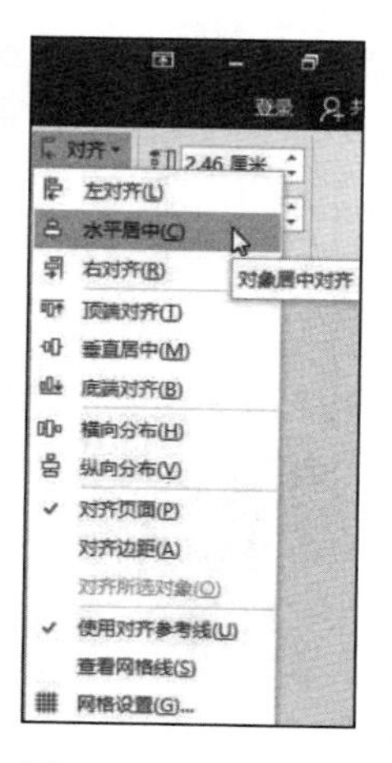

图 2-3-3　调整位置

4. 插入 SmartArt 图形。

在正文开始位置插入六边形集群的 SmartArt 图形，插入对应的图片和输入对应的文字，设置文字为宋体，10.5 磅，填充和轮廓颜色为“橙色 - 个性色 2”，适当调整大小。

操作提要

① 选择“插入” | “插图” | “SmartArt”选项，打开“选择 SmartArt 图形”对话框，在“图片”中选择“六边形群集”，如图 2-3-4 所示。

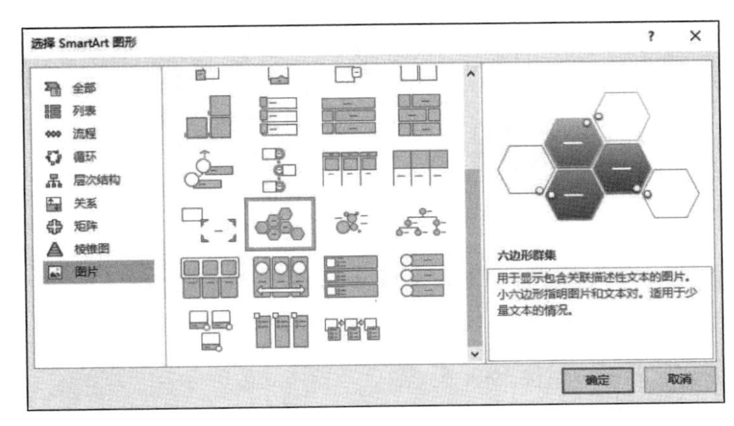

图 2-3-4 “选择 SmartArt 图形”对话框

② 按照样张顺序依次在图形左侧的“文本窗格”中输入(可选择“SmartArt 工具 / 设计”|“创建图形”|“文本窗格”选项展开窗格)，注意，文字也可以直接在形状中输入。

③ 默认的六角形集群是 3 组文本和图片，要扩展文本图片组，可选择 “SmartArt 工具 / 设计”|“创建图形”|“添加形状”选项，在当前位置的前面或后面添加新形状，也可在最后一组文字文本框中直接回车生成新文本图片组。

④ 分别将素材文件夹中的图片 2.3.p1.jpg、2.3.p2.jpg、2.3.p3.jpg、2.3.p4.jpg 插入到对应文字前，如图 2-3-5 所示。

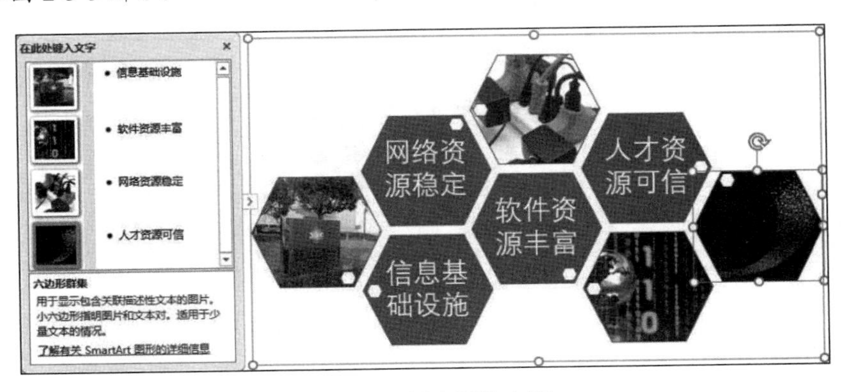

图 2-3-5 插入图片内容

⑤ 设置 SmartArt 的格式时，注意将其中包含的所有形状都需进行设置，可选择 SmartArt 图形外框对字符整体设置，对所有图形全选进行边框设置，对所有有填色的图形选择后进行

填充设置，完成效果如图 2-3-6 所示。

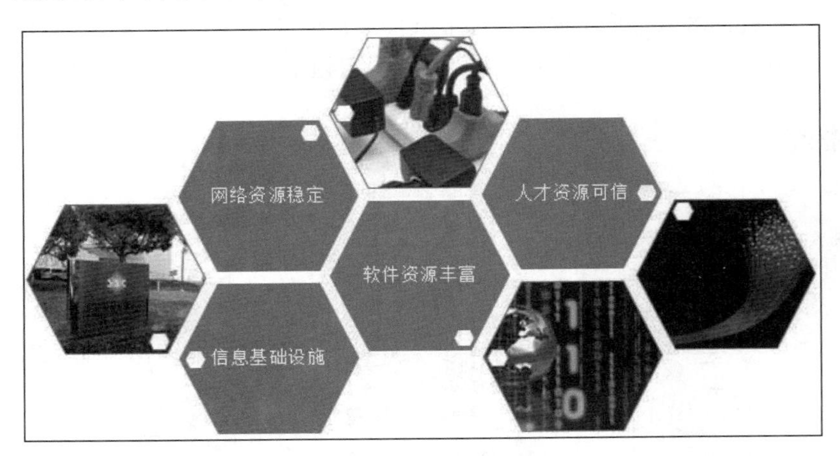

图 2-3-6　设置 SmartArt 的格式后的效果

⑥ 适当调整大小，可根据文中后续其他元素共同进行调整，设置该图形环绕文字方式为“上下型环绕”。

5. 插入文本框。

将末尾的文字转换为竖向排版并与 SmartArt 图形水平对齐，所有字符设置为小四号、居中、白色，背景效果为“强烈效果 - 橙色，强调颜色 2”。

操作提要

① 选中正文末尾文字，选择“插入”|“文本”|“文本框”|“绘制竖排文本框”选项，将局部的横排文本转换为竖排文本。

② 选中外框，设置为“小四号”、居中、白色；选择“绘图工具 / 格式”|“形状样式”|“强烈效果 - 橙色，强调颜色 2”样式，如图 2-3-7 所示。

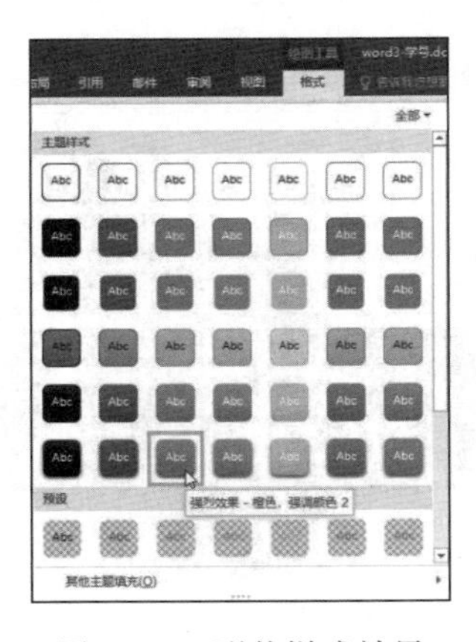

图 2-3-7　形状样式效果

③ 设置“文本框”的版式为四周型，适当调整大小和宽度，选择“绘图工具 / 格式”|“文本”|“对齐文本”|“居中”选项，调整文本在框中的居中。

④ 将“SmartArt 图形”和“文本框”同时选中，通过“对齐”选项和“↑”键调整位置，如图 2-3-8 所示。

图 2-3-8　形状大小及位置设置

6．插入图片并排版。

（1）在正文第三段前插入图片 2.3.p5.jpg，设置图片的环绕方式为四周型，调整图片大小为原来的 25%，并剪裁掉笔记本计算机的屏幕；修改图片颜色，重新着色为“金色，个性色 4，深色”，设置图片效果为“预设 10”。

（2）再插入图片 2.3. p6.jpg，参考样张调整为合适大小，设置为“冲蚀”效果，与前一张图片层叠放置于同一位置。

（3）将两张图片水平、垂直居中，并在第三段中页面居中。

操作提要

① 选中插入的第一张图片，在 “图片工具 / 格式” 选项卡中可进行图片的所有设置。

② 选择“大小”|“高级版式：大小”选项，打开“布局”对话框，如图 2-3-9 所示，在“大小”选项卡中可调整图片高宽、旋转和缩放比例，其中“锁定纵横比”是限制长宽等比的约束条件，选择“大小”|“裁剪”选项，调整裁剪框将图片裁剪到合适的位置，注意裁剪完成后，需要回车或再次选择“裁剪”选项确认裁剪内容，才标志裁剪结束。

③ 选择 “调整” | “颜色” 选项可对图片进行重新着色；选择 “图片样式” 中各个选项可对图片进行各种效果设置； “排列” 中各个选项可对图片在页面中的布局进行设置。

④ 选中插入的第二张图片，选择“调整”|“颜色”|“重新着色”|“冲蚀”的重新着色选项，制作图片水印，如图 2-3-10 所示。

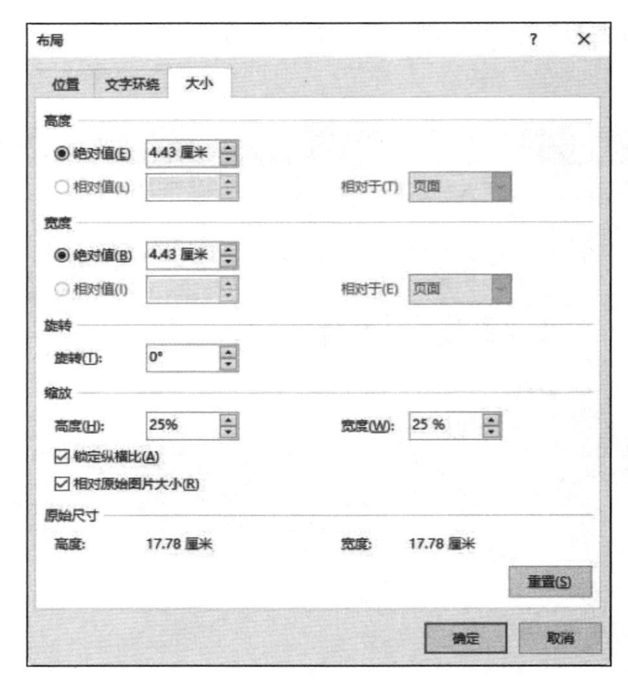

图 2-3-9　图片大小设置

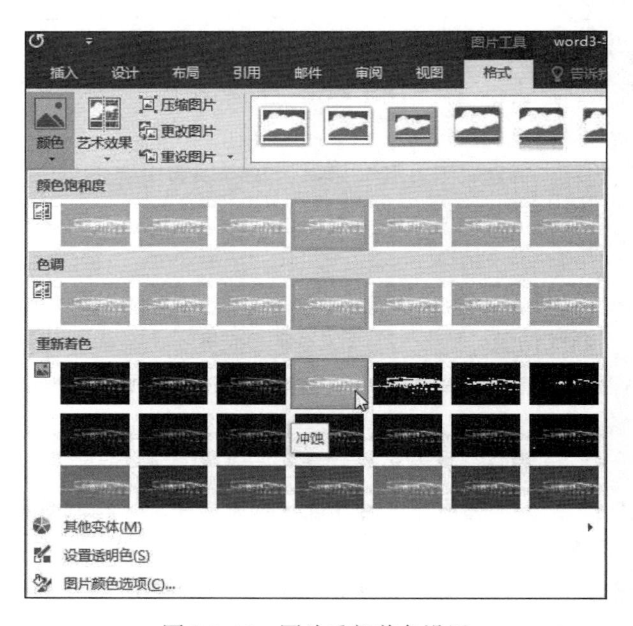

图 2-3-10　图片重新着色设置

⑤ 选中第二张图片，用浮动对话框中的“文字环绕”|“衬于文字下方”选项实现图片层叠效果，选中两张图片，可使用多图形位置对齐，完成基于对象水平垂直对齐和基于页面水平居中对齐，微调垂直方向位置，如图 2-3-11 所示。

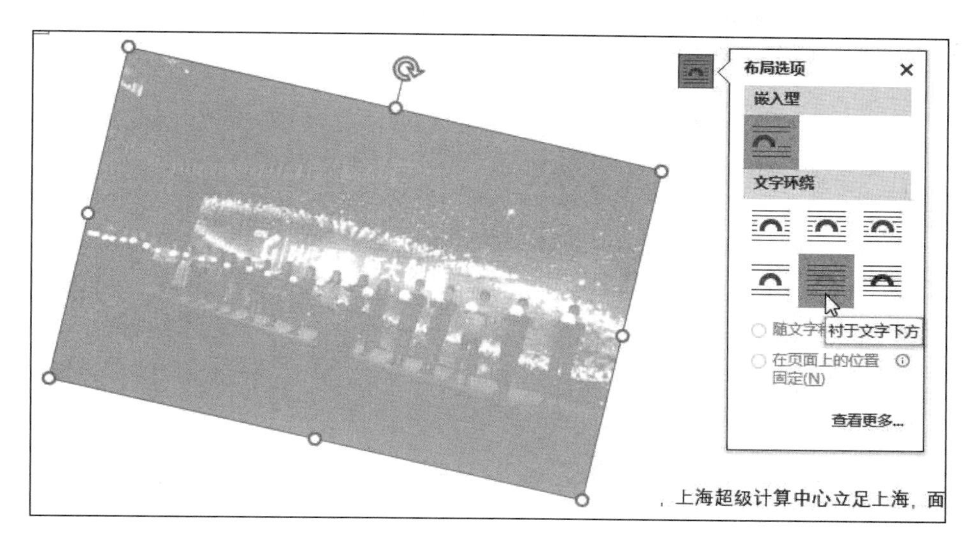

图 2-3-11　图片位置设置

7．插入符号。

在第四段前插入符号，符号样式参考样张，设置为红色、加粗、20 磅。

操作提要

通过选择“插入”|“符号”|“符号”|“其他符号”选项，打开“符号”对话框，插入匹配符号，按照字体设置格式方法设置符号格式。

8．分栏。

对最后一段分两栏，分隔字符为 2 字符，添加分隔线。

操作提要

① 对末尾段落添加分栏时不能将最后一行的段落符选中，如图 2-3-12 所示。

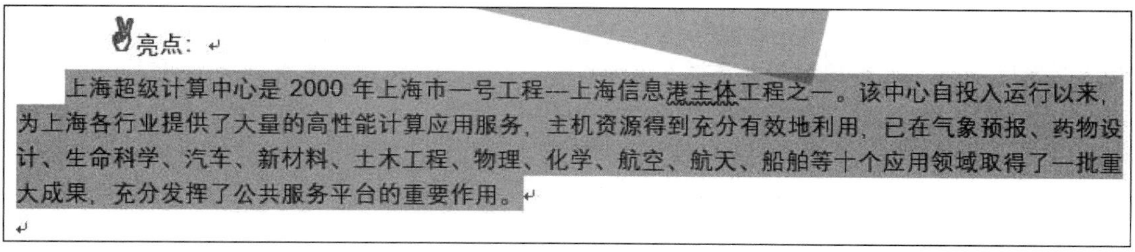

亮点：

上海超级计算中心是 2000 年上海市一号工程---上海信息港主体工程之一。该中心自投入运行以来，为上海各行业提供了大量的高性能计算应用服务，主机资源得到充分有效地利用，已在气象预报、药物设计、生命科学、汽车、新材料、土木工程、物理、化学、航空、航天、船舶等十个应用领域取得了一批重大成果，充分发挥了公共服务平台的重要作用。

图 2-3-12　分栏选择段落

② 设置分栏间距时，需要将下方的“栏宽相等”复选框取消勾选后才能设置间距，如图 2-3-13 所示。

9．页眉和页脚、页码设置。

（1）插入内容为“计算科学”居中显示的积分页眉，字体为华文琥珀、20 磅。

（2）在页脚中插入图片 2.3.p7.jpg，调整为原来的 5%，居中。

（3）在页面右侧添加框线普通数字页码。

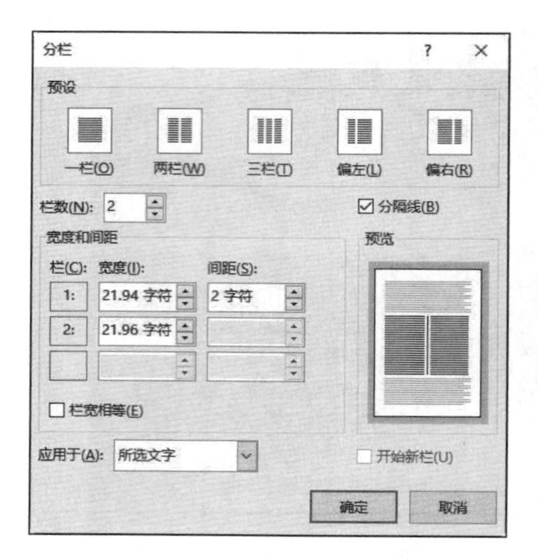

图 2-3-13　“分栏”对话框

操作提要

页眉页脚页码的插入顺序不是统一的，可以根据实际情况自行调整，本例建议最后完成页眉内容。

10. 插入对象。

（1）插入公式，并修改公式的文字大小为三号，在行内居中。

（2）在公式行插入音频 2.3.w1.wav 和视频 2.3.v1.avi。

（3）插入当前日期，等线，五号大小，右对齐。

操作提要

① 选择“插入”|“符号”|“公式”选项，在公式框内完成公式插入，要注意光标的定位点。

② 公式插入完成后，默认是显示状态，选择公式右侧下拉列表中的“更改为‘内嵌’”选项，如图 2-3-14 所示，光标定位到公式框外，插入音频和视频，最后设置段落居中。

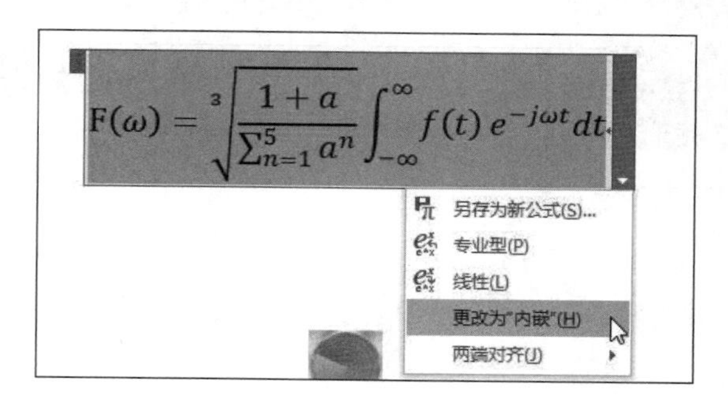

图 2-3-14　更改公式的显示方式

③ 在下一段插入时间，选择“插入”|“文本”|“日期和时间”选项，插入当前时间格式，如图 2-3-15 所示，并设置右对齐。

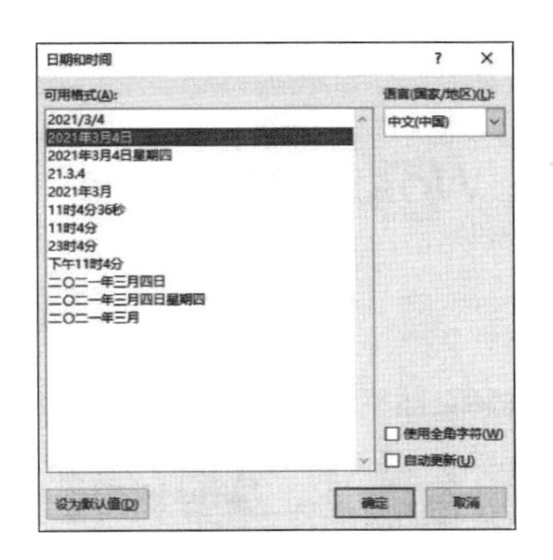

图 2-3-15 “日期和时间”对话框

11．插入形状。

在正文最后插入形状，高度 2 厘米，宽度 5 厘米，并输入文字，格式设置为“橙色，个性色 2”的填充和“橙色，个性色 2，深色 25%”的轮廓。

操作提要

① 选择“插入”|“插图”|“形状”|“带形：前凸”的星与旗帜形状选项，拖动拉出一个形状。如图 2-3-16 所示。

② 选择形状，执行右键快捷菜单中的“添加文字”命令，添加文字内容。

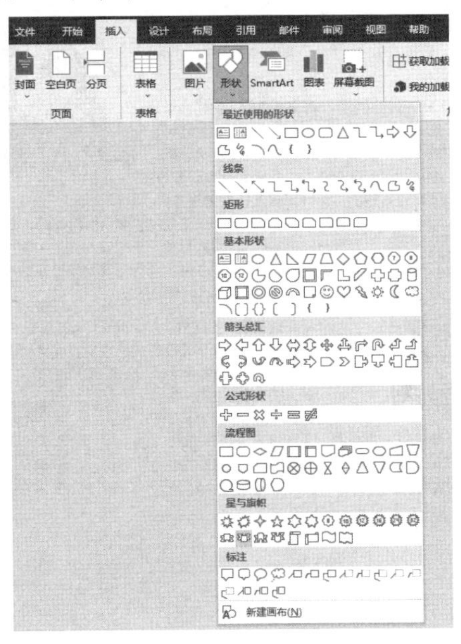

图 2-3-16 插入“带形：前凸”形状

③ 分别选择“绘图工具 / 格式”|“形状样式”|“形状填充”和“形状轮廓”选项，设置填充和轮廓。

④ 最后在“绘图工具 / 格式”|“大小”组中调整图形大小，设置对齐到页面水平居中。

12．将排版好的内容以“word3- 学号 .docx”文件名保存。

实验四 Word 2016 文档的图文混排（二）

一、实验目的

1. 巩固字符格式、段落格式和页面格式等排版技术。
2. 掌握利用艺术字、SmartArt、文本框、首字下沉等手段进行排版的技术。
3. 掌握图像的插入及设置，进行图文混排。
4. 掌握插入形状或者对象的方式并做相关设置。
5. 掌握表格处理技术、项目符号和编号、分栏等的操作。

二、实验内容

1. 打开素材中的 word4.docx 文件，按照以下要求操作，效果样张如图 2-4-1 所示。

北斗卫星导航系统

北斗卫星导航系统（以下简称北斗系统）是中国着眼于国家安全和经济社会发展需要，自主建设运行的全球卫星导航系统，是为全球用户提供全天候、全天时、高精度的定位、导航和授时服务的国家重要时空基础设施。

北斗系统提供服务以来，已在交通运输、农林渔业、水文监测、气象测报、通信授时、电力调度、救灾减灾、公共安全等领域得到广泛应用，服务国家重要基础设施，产生了显著的经济效益和社会效益。基于北斗系统的导航服务已被电子商务、移动智能终端制造、位置服务等厂商采用，广泛进入中国大众消费、共享经济和民生领域，应用的新模式、新业态、新经济不断涌现，深刻改变着人们的生产生活方式。中国将持续推进北斗应用与产业化发展，服务国家现代化建设和百姓日常生活，为全球科技、经济和社会发展做出贡献。

北斗系统秉承“中国的北斗、世界的北斗、一流的北斗”发展理念，愿与世界各国共享北斗系统建设发展成果，促进全球卫星导航事业蓬勃发展，为服务全球、造福人类贡献中国智慧和力量。北斗系统为经济社会发展提供重要时空信息保障，是中国实施改革开放 40 余年来取得的重要成就之一，是新中国成立 70余年来重大科技成就之一，是中国贡献给世界的全球公共服务产品。

中国将一如既往地积极推动国际交流与合作，实现与世界其他卫星导航系统的兼容与互操作，为全球用户提供更高性能、更加可靠和更加丰富的服务。

$$f(x)=\sqrt[3]{\left[\sum_{0}^{100} x_1^2+x_1-6+\frac{x_2+8}{x_3-9}\sqrt{x_4+10}\right]}$$

北 斗 系 统

图 2-4-1 Word 实验四样张

2．插入艺术字并设置。

标题“北斗卫星导航系统”设置为艺术字，艺术效果为“填充 - 蓝色，着色 1，轮廓 - 背景 1，清晰阴影 - 着色 1”，并添加“蓝色，5pt 发光，个性色 1”的发光变体，左上对角透视的阴影，文字为 40 磅，加粗，华文楷体，文字间距 1.5pt，参照样张适当调整艺术字的布局。

操作提要

① 添加艺术字，设置发光效果和阴影，40 磅的字号，可直接在字号框中输入 40。

② 艺术字布局，标题行单独一行的布局可以有两种设置方式：一是设置标题的版式为嵌入型，再将光标放在艺术字和段落符中间的位置，设置段落居中显示，如图 2-4-2 所示；二是将艺术字设置为上下型，再将艺术字移动或对齐到行内中心位置，如图 2-4-3 所示。

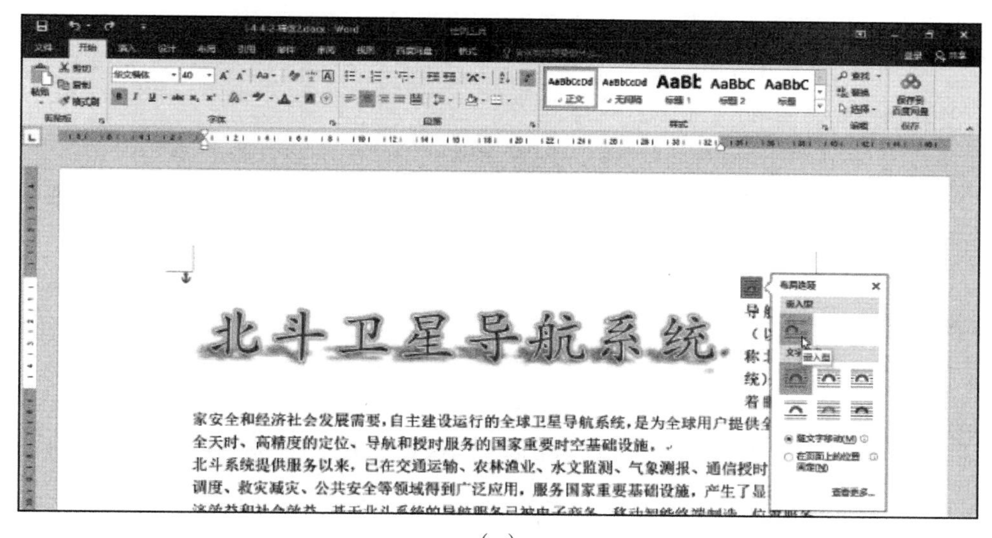

（a）

北斗卫星导航系统

北斗卫星导航系统（以下简称北斗系统）是中国着眼于国家安全和经济社会发展需要，自主建设运行的全球卫星导航系统，是为全球用户提供全天候、全天时、高精度的定位、导航和

（b）

图 2-4-2 设置艺术字嵌入型布局

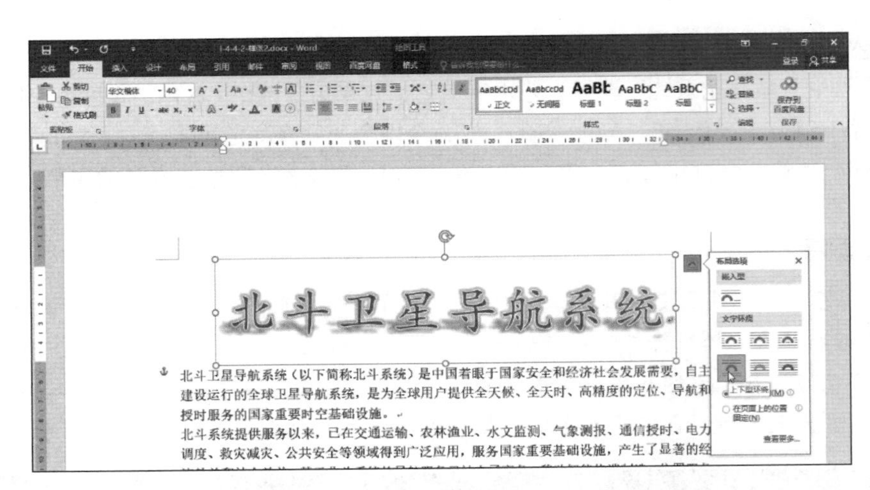

图 2-4-3　设置艺术字上下型布局

3．设置段落和首字下沉。

（1）设置所有段落首行缩进 2 字符，段前段后 0.5 行。

（2）设置第一段首字下沉，下沉字体为华文楷体，加粗，并添加“蓝色，个性色 1，淡色 80%”的底纹。

操作提要

① 设置首字下沉时，需先将光标定位在相应段落，再选择“插入”|“文本”|“首字下沉”|“首字下沉选项”的选项，打开“首字下沉”对话框，设置下沉参数，如图 2-4-4 所示。

② 下沉文字底纹设置同普通正文底纹，在“边框和底纹”对话框中设置，如图 2-4-5 所示。

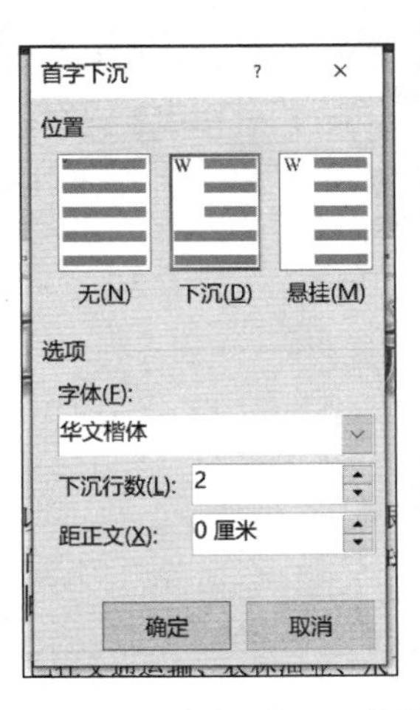

图 2-4-4　“首字下沉”对话框

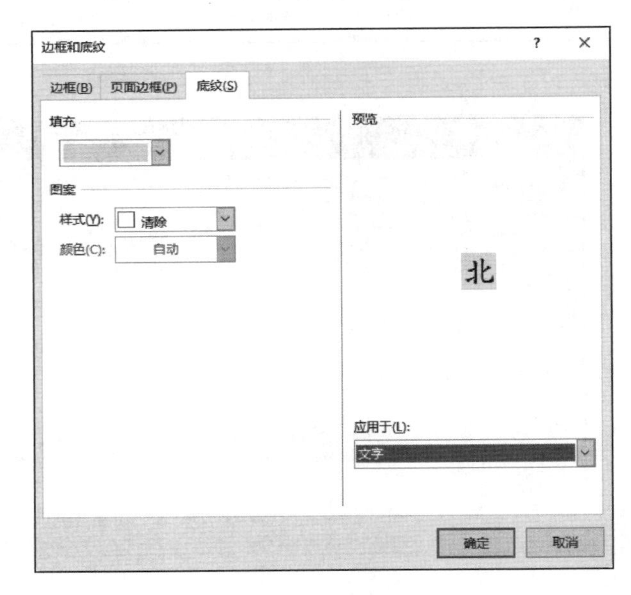

图 2-4-5　“边框和底纹”对话框

4．插入图片并设置。

（1）在标题前插入 2.4.p1.jpg 图片文件，设置图片的版式和大小，按样张布局。

（2）正文第一段右侧插入 2.4.p2.jpg 图片文件，为图片添加颜色为“金色，个性色 4，淡色 40%”的 1.5 磅边框；左上对角透视的阴影效果；颜色亮度和对比度设置为 40%；参照样张调整图片的大小、角度和布局。

（3）正文第三段左侧插入 2.4.p3.jpg 图片文件，添加颜色为“金色，个性色 4，淡色 40%”的 1.5 磅边框；左上对角透视的阴影效果；颜色亮度和对比度设置为 40%；参照样张调整图片的大小和布局。

操作提要

① 将光标定位到标题前，插入图片 2.4.p1.png，将图片版式设置为“浮于文字上方”，对齐页面左侧边距和上方边距后，参照样张调整图片大小。

② 插入图片 2.4.p2.png 后，选中图片，通过图片周围的控制柄调整图片大小，旋转图片角度；选择“图片工具 / 格式”|“更正”|“亮度：+40% 对比度：40%”的亮度 / 对比度选项，如图 2-4-6 所示。

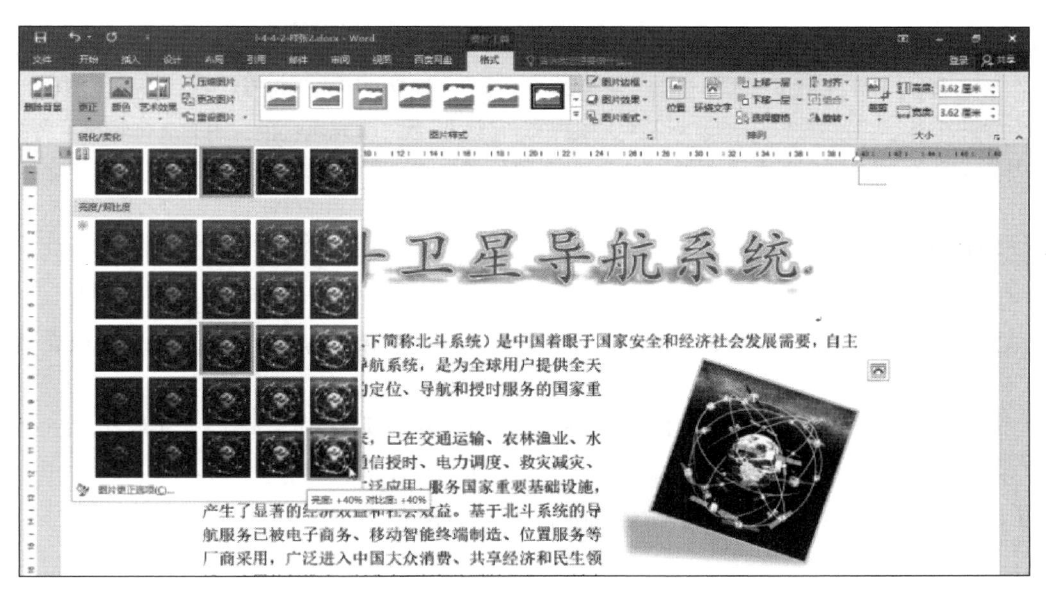

图 2-4-6　设置图片 1 颜色

③ 插入的第 3 张图片设置和第 2 张内容相似，可以将第 2 张图片设置好后，使用“格式刷”复制第 2 张图片的设置，然后再应用到第 3 张图片上。

④ 此处需注意，图片大小的调整题目中没有给出，可参照样张中图片所在行的文字个数调整图片。

5．纵横混排。

将正文最后一句文字置入文本框，按照样张纵横混排，设置边框为长划线 - 点 - 点，浅蓝色，1 磅粗，无色填充；文本框文本为黑体，10.5 磅；调整合适的文字环绕方式和位置。

操作提要

根据样张调整文本框的大小和位置，与图片设置类似，文本框也要注意所在行文字的数量。

6. 图片水印。

在文本框中插入 2.4.p4.jpg 的图片，设置图片大小为 40%，以及衬于文字下方的水印效果。

操作提要

① 设置图片水印的制作可使用 “冲蚀” 效果。

② 为保证图片可任意调整高度和宽度，需取消图片锁定的纵横比。

7. 插入公式。

在正文最后，添加公式，如图 2-4-7 所示。

$$f(x)=\sqrt[3]{\left[\sum_{0}^{100}x_1^2+x_1-6+\frac{x_2+8}{x_3-9+}\sqrt{x_4+10}\right]}$$

图 2-4-7　添加公式内容

8. 插入自选图形。

在最后插入 4 个五角星形状，设置“彩色填充 - 蓝色，强调颜色 1”的形状样式；形状添加文字，分别为“北、斗、系、统”，字体为华文琥珀，文字效果为“填充 - 蓝色，着色 1，轮廓 - 背景 1，清晰阴影 - 着色 1”，参照样张调整五角星大小和位置。

操作提要

① 通过添加形状功能插入“五角星”形状。

② 设置好第 1 个形状和文字效果后，再复制出其他形状，复制可用【Ctrl+C】组合键，也可使用拖拽复制。

③ 4 个形状做好后，将第 1 个对齐页面左侧，第 4 个对齐页面右侧，选中所有形状，通过“对齐”功能先完成对象对齐，再进行“横向分布”，实现 4 个形状平均分布在一行中。

9. 将排版好的内容以“word4- 学号 .docx”文件名保存。

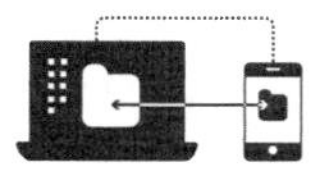

实验五　Word 2016 文档的长文档排版（一）

一、实验目的

1. 掌握长文档的编辑和管理等操作。
2. 掌握文档的修订共享等操作。

二、实验内容

1. 打开素材中的 word5.docx 文件，按照以下要求操作，效果样张如图 2-5-1 所示。

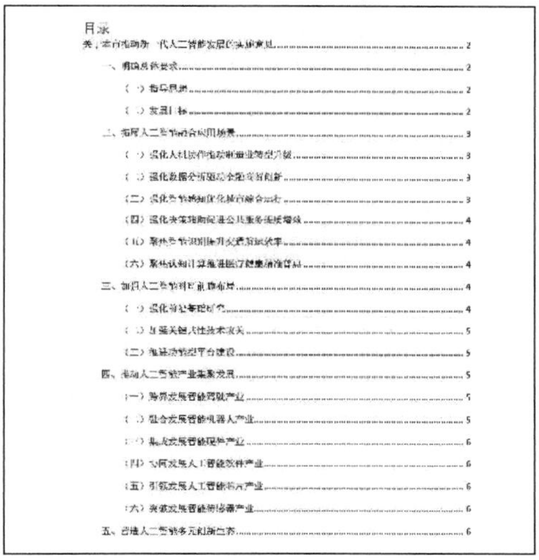

目录

（a）样张 1

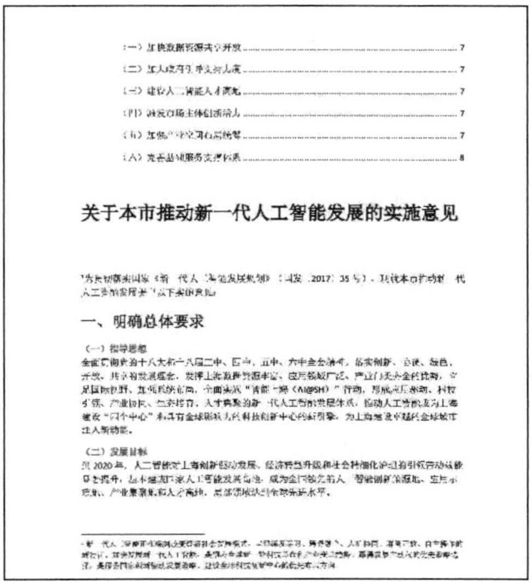

关于本市推动新一代人工智能发展的实施意见

为贯彻落实国家《新一代人工智能发展规划》（国发〔2017〕35 号），现就本市推动新一代人工智能发展提出以下实施意见。

一、明确总体要求

（一）指导思想

全面贯彻党的十八大和十八届二中、三中、四中、五中、六中全会精神，落实创新、协调、绿色、开放、共享的发展理念，发挥上海数据资源丰富、应用领域广泛、产业门类齐全的优势，立足国际视野，加强系统布局，全面实施“智能上海（AI@SH）”行动，形成应用驱动、科技引领、产业协同、生态培育、人才集聚的新一代人工智能发展体系，推动人工智能成为上海建设“四个中心”和具有全球影响力的科技创新中心的新引擎，为上海建设卓越的全球城市注入新动能。

（二）发展目标

到 2020 年，人工智能对上海创新驱动发展、经济转型升级和社会精细化治理的引领带动效应显著提升，基本建成国家人工智能发展高地，成为全国领先的人工智能创新策源地、应用示范地、产业集聚地和人才高地，局部领域达到全球先进水平。

[illegible]

（b）样张 2

图 2-5-1　Word 实验五

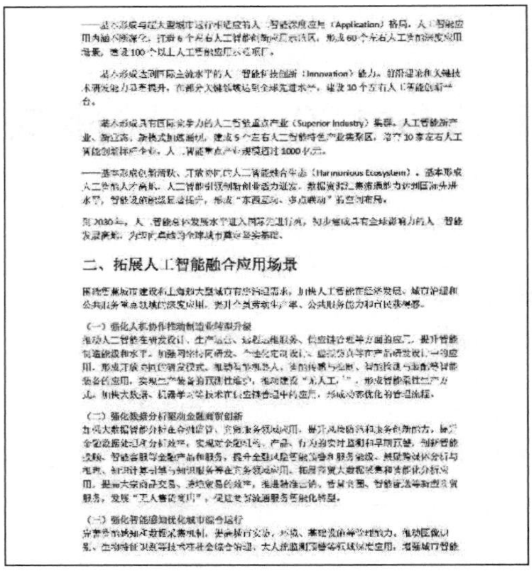

——基本形成与超大型城市运行相适应的人工智能深度应用（Application）格局。人工智能应用内涵不断深化，打造 6 个左右人工智能创新应用示范区，形成 60 个左右人工智能深度应用场景，建设 100 个以上人工智能应用示范项目。

——基本形成达到国际一流水平的人工智能科技创新（Innovation）能力。前沿理论和关键技术研发能力显著提升，在部分关键领域达到全球先进水平，建设 10 个左右人工智能创新平台。

——基本形成具有国际竞争力的人工智能重点产业（Superior Industry）集群。人工智能新产业、新业态、新模式加速涌现，建成 5 个左右人工智能特色产业集聚区，培育 10 家左右人工智能创新标杆企业，人工智能重点产业规模超过 1000 亿元。

——基本形成创新活跃、开放协同的人工智能融合生态（Harmonious Ecosystem）。基本形成人工智能人才高地，人工智能引领创新创业活力迸发，数据资源汇集流通能力达到国际先进水平，智能基础设施显著提升，形成“东西互动、多点联动”的空间布局。

到 2030 年，人工智能总体发展水平进入国际先进行列，初步建成具有全球影响力的人工智能发展高地，为迈向卓越的全球城市奠定坚实基础。

二、拓展人工智能融合应用场景

围绕智慧城市建设和上海超大型城市有序运行需求，加快人工智能在经济发展、城市管理和公共服务重点领域的深度应用，提升全要素生产率、公共服务能力和市民获得感。

（一）强化人机协作推动制造业转型升级

推动人工智能在研发设计、生产制造、运程运维服务、供应链管理等方面的应用，提升智能制造能级和水平。加强网络协同研发、个性化定制设计、虚拟仿真等在产品研发设计中的应用，形成开放协同的研发模式。推动工业机器人、智能传感与控制、智能检测与装配等智能装备的应用，实现生产装备的柔性化适应，推动建设“无人工厂”，形成智能柔性生产方式。加快大数据、机器学习等技术在供应链管理中的应用，形成动态优化的管理流程。

（二）强化数据分析驱动金融商贸创新

加强大数据智能分析在金融监管、金融业务领域的应用，提升风险防范和业务创新能力。提升金融数据处理与分析效率，实现对金融风险、产品、行为的实时监测和早期预警。创新智能投顾、智能客服等金融产品和服务，提升金融风险智能管控和服务能级。推动智能化分析与推荐、知识计算引擎与知识服务等在商务领域应用。拓展商贸大数据采集和智能化分析应用，提高大宗商品交易、跨境贸易的效率，推进精准营销、智慧物流、智能配送等新型商贸服务，发展“无人零售商店”，促进商贸流通服务智能化转型。

（三）强化智能感知优化城市综合运行

完善智能感知和数据采集机制，提升城市交通、环境、基础设施等管理能力。推动图像识别、生物特征识别等技术在社会综合治理、大人流监测预警等领域深度应用，增强城市智能

（c）样张 3

智能特色产业集群，支持各区基于大数据、云计算、物联网、机器人等产业基础和特色优势，建设一批人工智能特色示范园区。

（六）完善基础服务支撑体系

增加适应人工智能发展的基础服务供给，夯实人工智能发展基础。加强标准制定及测试认证，支持企业参与人工智能综合标准、基础共性技术标准制定，建立公共领域人工智能应用安全测试与认证机制。加强知识产权运用和保护，加大对人工智能新技术、新业态和新模式的知识产权保护力度，支持有条件的企业申请国内外专利，开展知识产权评议和专利导航。建设智能计算设施，布局超级计算、分布式计算、云计算相结合的高性能计算应用环境。部署空天地一体化网络，加快下一代移动通信、物联传感、北斗定位等网络基础设施建设。建立健全人工智能相关制度规范，加强人工智能伦理道德、法律保障和社会问题研究，建立保障人工智能健康发展的制度规范和伦理道德框架。

推动新一代人工智能发展是本市立足新一轮科技发展，推动经济高质量发展的重要举措，各部门、各区要高度重视，加强统筹协调。建立由市经济信息化委、市科委、市发展改革委牵头，有关部门、单位参与的协同推进机制，统筹推进人工智能发展的各项工作。各区结合区位优势和资源特点，加强市区联动，推动人工智能应用推广、产业发展、科技创新重大项目落地实施。

[1]本文摘自上海经济和信息化委员会网站

（d）样张 4

图 2-5-1　Word 实验五（续）

注　意： 文档较长，省略部分样张。

2．设置标题样式。

（1）一级标题：文章标题，样式为“标题 1”。

（2）二级标题：“一、……”等，样式为“标题 2”。

（3）三级标题：“（一）……”等，样式为“标题 3”。

操作提要

① 标题样式使用“开始”|“样式”中的各级预设样式。

② 相同级别标题设置，可使用格式刷完成。

③ 设置好样式的标题，可使用导航对话框查看，选择“视图”|“显示”|“导航窗格”选项（【Ctrl+F】组合键），即可查看已标记的样式，如图 2-5-2 所示。

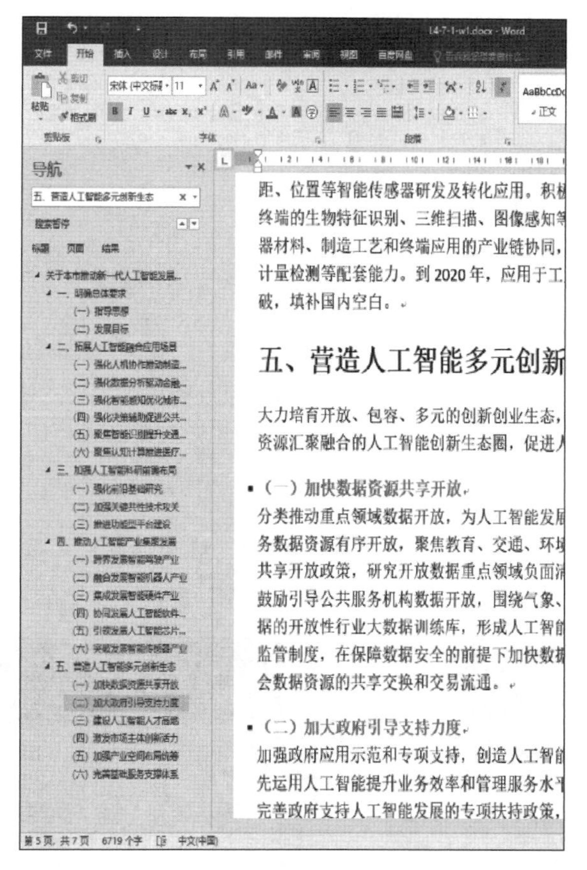

图 2-5-2　标题样式设置完成效果

3．创建目录。

在标题前，添加样式为“内置 - 自动目录 1”的目录。

操作提要

光标定位到 1 级标题前，选择“引用”|“目录”|“目录”|“内置”|“自动目录 1”选项，如图 2-5-3 所示。

4．添加脚注。

将正文第一句话设置为脚注，置于所在页底部。

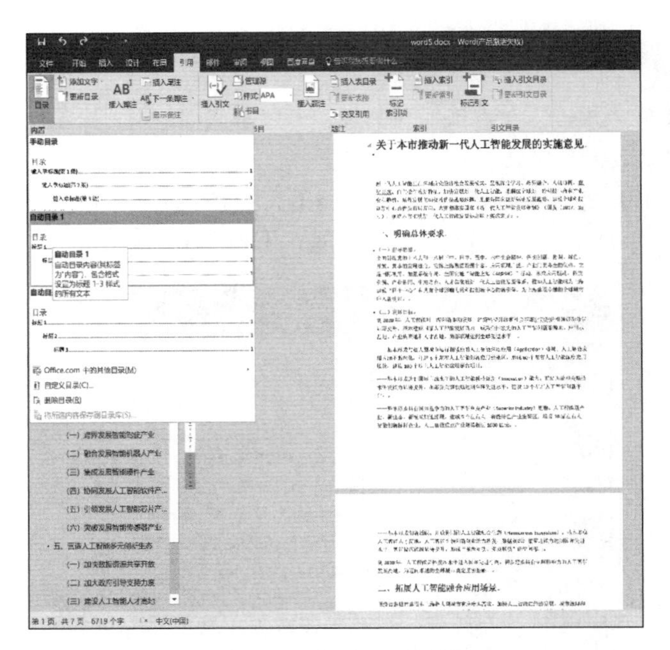

图 2-5-3　提取目录效果

操作提要

此处注意，选择“引用”|“脚注”|“插入脚注”选项，应将正文第一句文本以无格式方式剪切到脚注中，如图 2-5-4 所示。

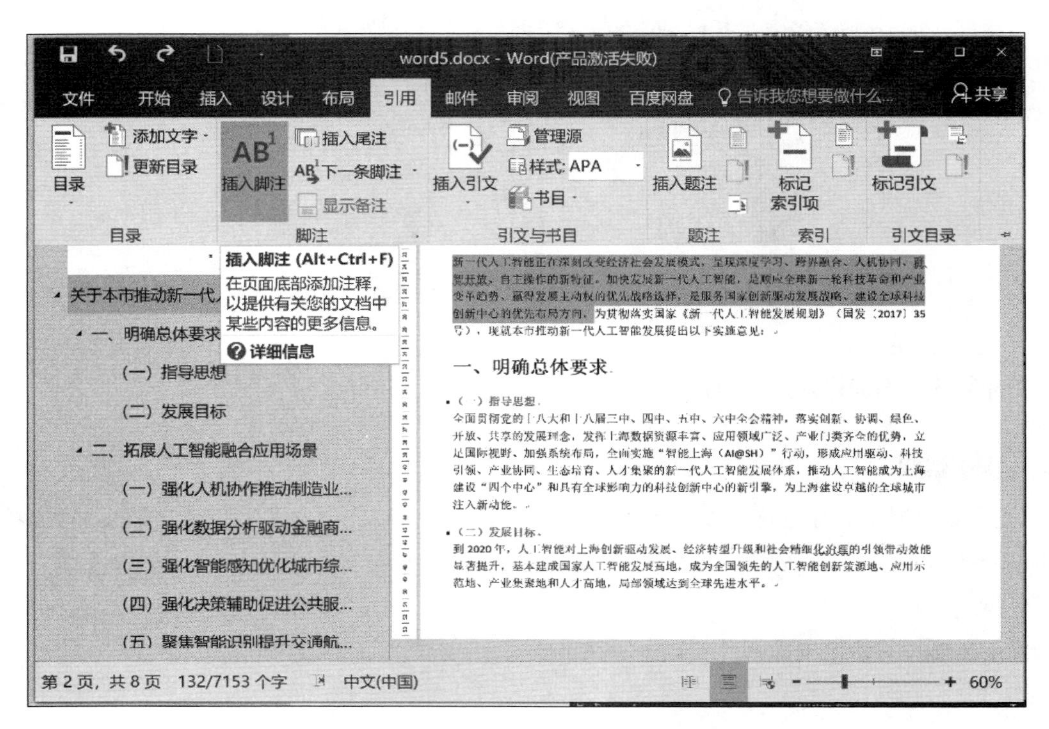

图 2-5-4　选择制作脚注的内容

5．添加尾注。

在正文末尾添加尾注，内容为：“本文摘自上海市经济和信息化委员会网站”。

操作提要

光标在文档中任意处，选择“引用”|“脚注”|“插入尾注”选项，在光标位置输入尾注内容即可，如图 2-5-5 所示。

图 2-5-5　尾注完成效果

6．将排版好的内容以“word5- 学号 .docx”文件名保存。

实验六　Word 2016 文档的长文档排版（二）

一、实验目的

1. 掌握长文档的编辑和管理等操作。
2. 掌握文档的修订共享等操作。

二、实验内容

1. 打开素材中的 word6.docx 文件，按照以下要求操作，效果样张如图 2-6-1 所示。

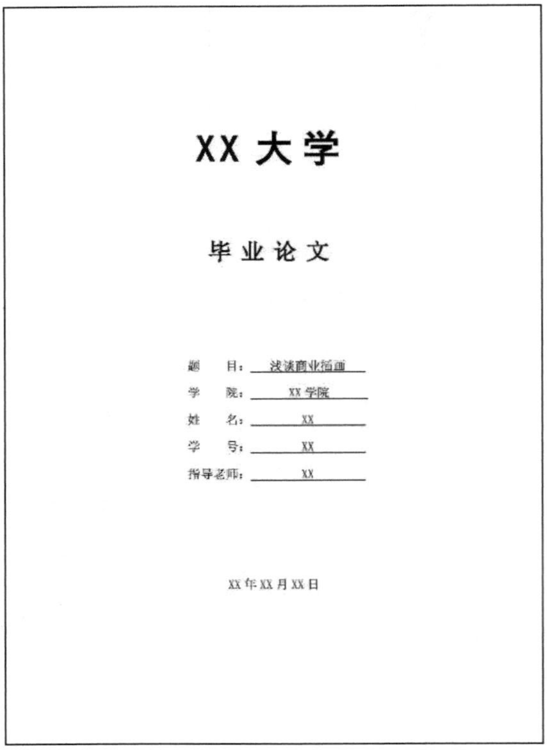

XX 大学

毕 业 论 文

题　　目：浅谈商业插画
学　　院：XX 学院
姓　　名：XX
学　　号：XX
指导老师：XX

XX 年 XX 月 XX 日

（a）样张 1

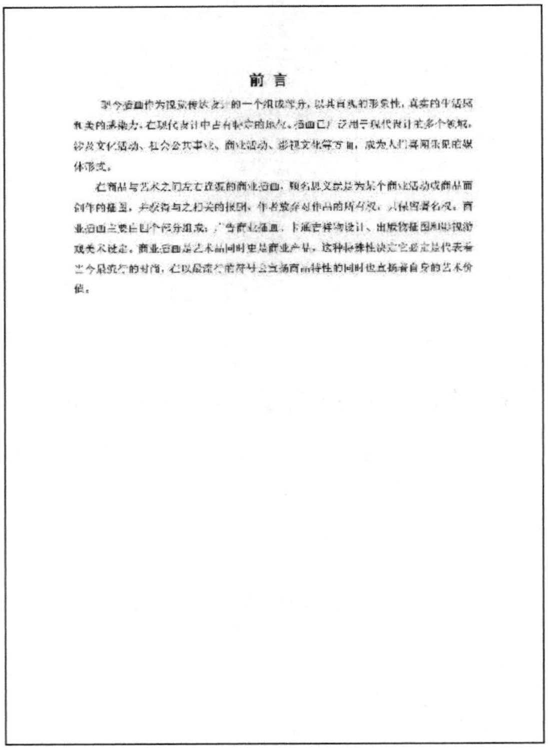

前 言

（b）样张 2

图 2-6-1　Word 实验六

摘 要

【摘要】商业插画的目的性非常明确，主题必须鲜明，诉求必须清晰，表现形式富有[illegible]，大胆的形式。插画在商业插画中起着灵魂的作用。在当代商业之中要刺激消费，吸引消费者的注意力，同时使其欣然接受商业插画所传达的信息，必须要有很好的创意。

【关键词】商业　插画设计　表现手法　设计准则

【Abstract】The commercial illustration sense of purpose is clear about extremely, the subject must be clear about, the demand must be clear. The commercial illustration has the rich manifestation and the vector, appeared the plan drawing, the graph, the graph and photographs, the printing picture and so on. Says on the commercial illustration, the content is merely decides, the key is a form. But the creativity is playing the soul role in the commercial illustration. Sells the commodity in the intense commercial war, must attract consumer's attention, at the same time causes it to accept with pleasure the information which the commercial illustration transmits, must the very good creativity no. be possible.

【Key words】commercial; illustration design; expression means; design criterion

目 录

（c）样张 3　　（d）样张 4

浅析商业插画

浅 析 商 业 插 画

一、商业插画的概述

插画是运用图案表现的形象，本着审美与实用统一的原则，尽量使线条、形态清晰明快，制作方便。插画的发展，有着悠久的历史。根据考古学家认定，人类最早的绘画约在公元20000年前绘于西部的"拉斯科的洞窟画"。这是现代人类最早的绘画，假如从传达信息的意义来说这面洞窟壁画也许就是世界最古老的插画。商业插画顾名思义就是有商业价值的插画，它不属于纯艺术范畴。这种艺术形式是为企业或产品绘制插图，获得与之相关的报酬，作者放弃对作品的所有权，只保留署名权的商业买卖行为。它是设计者为一定的商业目的而绘制的插画，在推动人们的物质文明和精神文明进步方面发挥着不可忽略的作用。

图 1

二、商业插画的应用领域

今天，是信息传播飞速发展的时代，插画设计所涉及的领域正在不断扩展，只要存在信息的交流，插画就大有用武之地。在我们当今的社会生活中，到处可见插画的踪影，它时刻丰富着人们的生活。随着现代设计和商业经济的发展，插画正日益发挥着越来越大的作用。

（一）广告中的商业插画

1.包装中的商业插画。产品包装一般有标志、图形、文字组成，产品包装上的插

1

[illegible]

画可分为展示性插画和说明性插画，它都需要通过商业插画表现出产品的相关信息，建立品牌形象，增进企业与消费者之间的了解，提高消费者的认知水平，激发他们的购买欲望。一个精美的插画包装有利于产品价格的上扬，使广告创意达到更高的审美层次，带动了时尚文化的发展，为企业带来巨大的利润。

2.户外广告中的商业插画。海报分布于各种公共场所，通常以图形和文字结合的方式进行视觉信息传达。多数海报以商业插画为视觉中心，表现手法灵活多样，注重设计创意和形式的运用，能与人们产生一种近距离的沟通，是具有大众亲和力的广告形式。出色的海报商业插画具有极强的视觉吸引力，可以使人们瞬间被吸引，根据不同客户的广告，制定实施不同的策略，从而使人们获得准确的广告信息。

（二）出版物种的商业插画

报纸是广告信息传播最为快捷的途径之一，它具有很强的灵敏性和亲切性，我们看到的报纸文字广告旁边总会配有一幅精美的插画，"文不足以画补之，画不足以文叙知"说明了文字与插画在传达上为互补关系，随着时代的发展和消费需求的变化，报纸版面广告越来越丰富，能随时配合各种促销宣传活动，印刷质量大大提高，彩色的商业广告插画经常出现，大大增强了报纸的可读性，在传达信息的同时也达到了广告推广的目的。

杂志是周期性较强的出版物，专业性强便于保存查阅，具有一定资料价值，同时具有多种发行形式。当我们打开一本杂志，密密麻麻的文字使我们感到枯燥，单调，而插画的运用，多变，夸张修饰手法能采用就会使版面活跃起来，产生装饰美化的效果。再加上杂志本身在印刷方面所独有的优越性，使插画更加具有视觉冲击。同时把大量的广告传给消费人群，激发他们的消费欲望，完成最终的宣传策略，因此商业插画在杂志广告中所起到的作用非常大。

（三）商业插画和动画游戏的结合

动画的创作和插画艺术有着非常密切的联系。插画上也就是动画设计上在绘制过程当中首先会通过原画创作，中间画创作出各张有趣的动画表演，然后将动画纸上的图形转描在片上进行上色，最后进行逐个拍摄，在上一个画面没有消失之前播放下一个画面，视觉误差会出现流畅的"运动"假象。

游戏设计是以商业插画创作为出发点的，又一个新兴应用领域，在游戏的创作过程当中要通过插画艺术表现出人物的时代背景，以及地域文化，发挥插画上也就是游

2

（e）样张 5　　（f）样张 6

图 2-6-1　Word 实验六（续）

戏美术师的想象力，将故事中的角色赋予生命，把幻想和现实紧密的结合在一起，创造出引人入胜的情节和真实自然的角色动作表情。商业插画融合了美术和商业因素，在现在社会里具有非常实用的价值。随着时代的发展，商业插画的内容和表现形式以及应用领域会更加宽广。

三、商业插画的功能和作用

二十一世纪是读图时代，是信息传达飞速发展的时代，插画所涵盖的领域正不断发展，只要存在信息交流，插画就有用武之地。商业插画作为一种有强烈表现力的艺术形式。

商业插画本身就具有商业价值和商业意义，它在商业活动中用直观的视觉形象来达成传递信息、宣传商品、推广商业活动、塑造企业形象等意图的手段。它能将所承载的内容简明扼要、生动活泼地传达给人们，是一种图像化视觉传达形式。

商业插画的功能性非常强，偏离视觉传达目的纯艺术往往使商业插画的功能性减弱。必须立足于鲜明、单纯、准确。广义上讲，商业插画包含的是一切与商品、商业活动、社会活动的宣传有关，以大众为对象，以视觉传达为主要形式的图形设计。

图 2

（一）插画界定

3

（g）样张 7

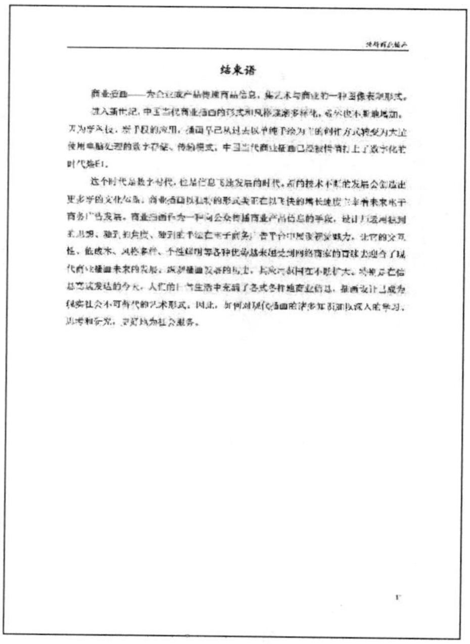

结束语

（h）样张 8

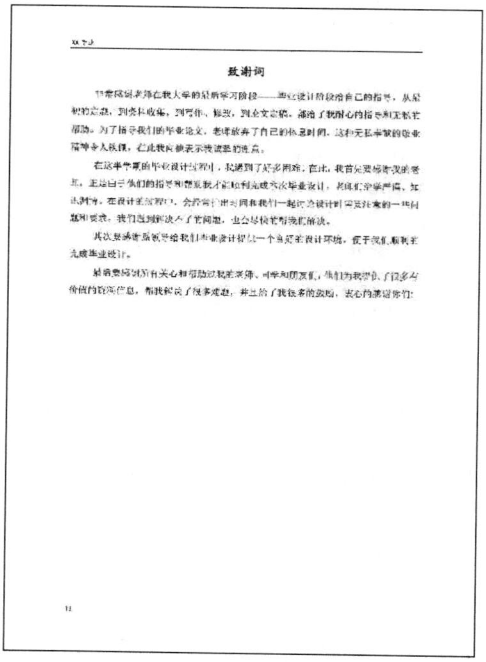

致谢词

（i）样张 9

参考文献

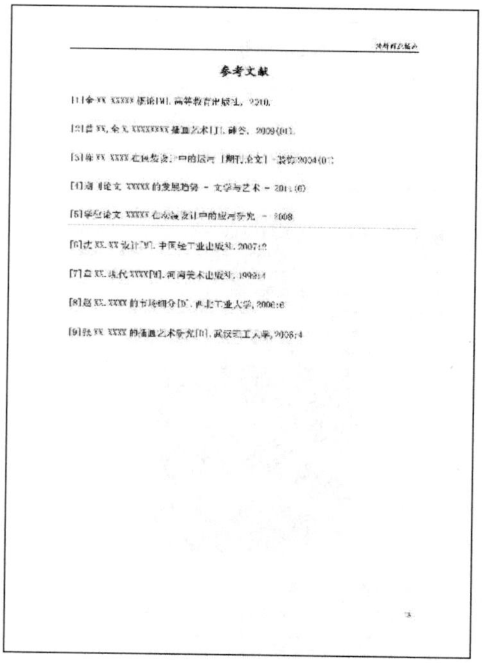

（j）样张 10

图 2-6-1　Word 实验六（续）

注　意： 文档较长，页码 4~10 和页码 3 相似，故省略样张。

2. 设置标题样式。

（1）基本样式设置。创建新样式，命名为“基本样式”，格式为：黑体、三号、加粗，字符加宽5磅，无缩进，应用于正文中的“前言”“摘要”“浅析商业插画”等标题。

（2）一级标题设置。创建新样式，命名为“一级目录”，格式为：楷体、三号、加粗，左对齐，1.5倍行距，段前段后6磅，无缩进，大纲级别为1级，应用于正文中的“一、……”等标题。

（3）二级标题设置。创建新样式，命名为“二级目录”，格式为：四号，段前段后0.2行，大纲级别为2级，应用于正文中的“（一）……”等标题。

（4）“结束语”“致谢词”“参考文献”设置为“一级目录”样式，居中对齐显示。

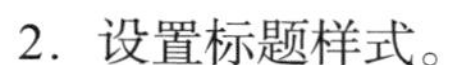

操作提要

① 选择“开始”|“样式”|“其他”|“创建样式”选项，在打开的“根据格式设置创建新样式”对话框中创建新样式，并对样式命名，如图2-6-2所示。

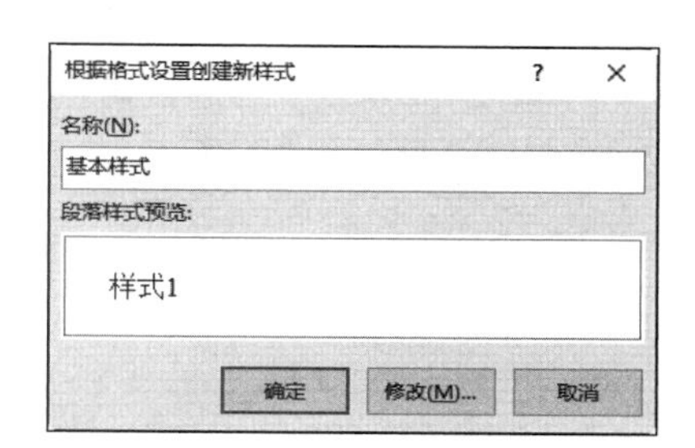

图2-6-2 “根据格式设置创建新样式”对话框1

② 样式的具体格式需单击“修改”按钮，在新对话框中对样式进行设定，单击“格式”按钮将对样式进一步细化，如图2-6-3所示。

③ 指定样式的大纲级别，可选择上述样式对话框中“格式”|“段落”选项，在打开的“段落”对话框中进行设置，如图2-6-4所示。

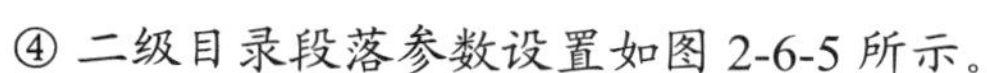

④ 二级目录段落参数设置如图2-6-5所示。

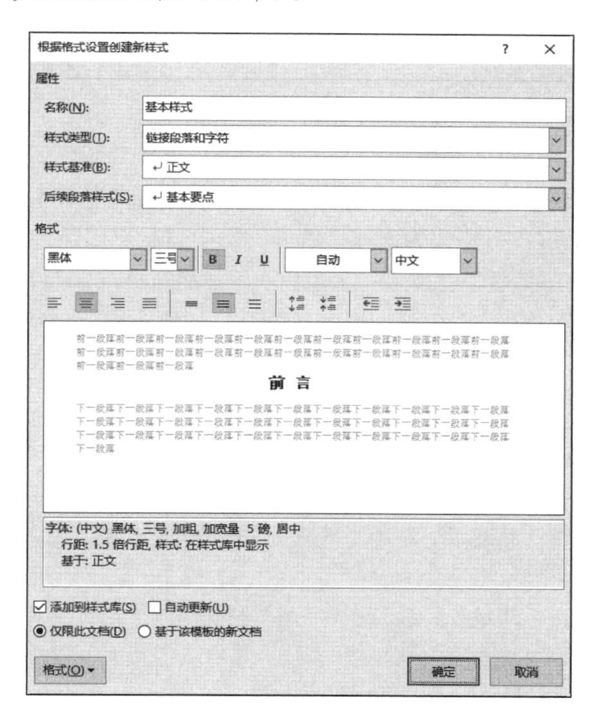

图2-6-3 “根据格式设置创建新样式”对话框2

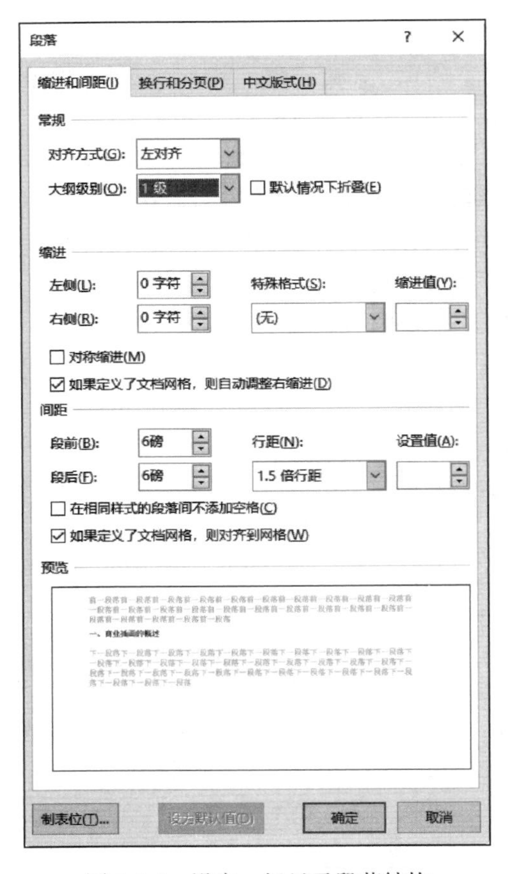

图 2-6-4 设定一级目录段落结构

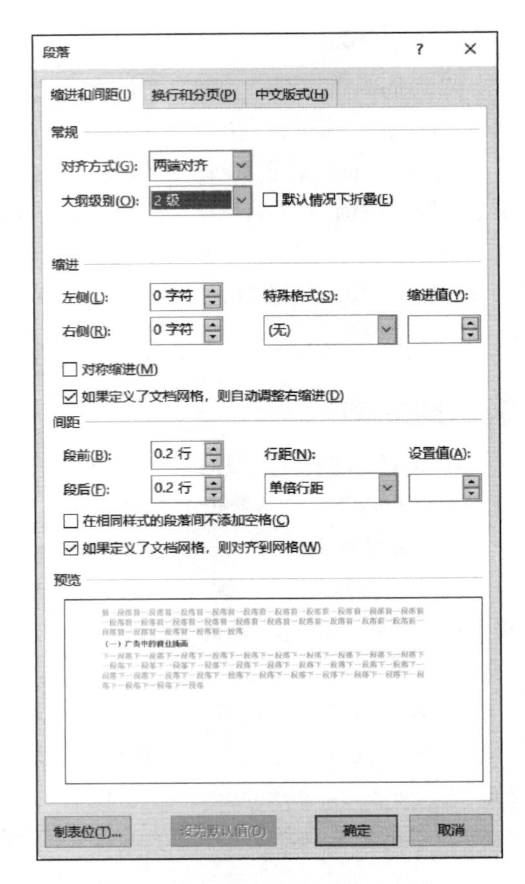

图 2-6-5 设定二级目录段落结构

3．设置论文各部分。

（1）制作论文封面。在正文开始处插入一个空白页，制作封面，第 1 行格式为黑体、初号，居中显示；第 2 行格式为宋体、一号、居中显示；第 3~7 行格式为宋体、四号、左缩进 12 字符，内容部分添加下划线；最后一行格式为宋体、四号、居中显示。

（2）设置目录页。在“摘要”后插入一个空白页面，制作目录，“目录”标题为“基本样式”。

（3）分隔论文各部分。将“前言”“摘要”“结束语”“致谢词”“参考文献”分隔到不同页面。

操作提要

① 光标定位到“前言”前，选择“布局”|“页面设置”|“分隔符”|“下一页”的分节符选项，如图 2-6-6 所示，参照样张和题目要求制作封面。

② 光标定位到“前言”结尾处，添加“下一页”的分节符，将“前言”和“摘要”分成两页，调整多余的段落符号。

③ 光标定位到“摘要”结尾处，添加“下一页”的分节符，输入文字“目录”，格式选用“基本样式”，然后插入自动目录。

④ 在“正文”结尾处、“结束语”结尾处、“致谢词”结尾处，分别添加“分页符”的分页符，如图 2-6-7 所示，将论文各部分分隔。

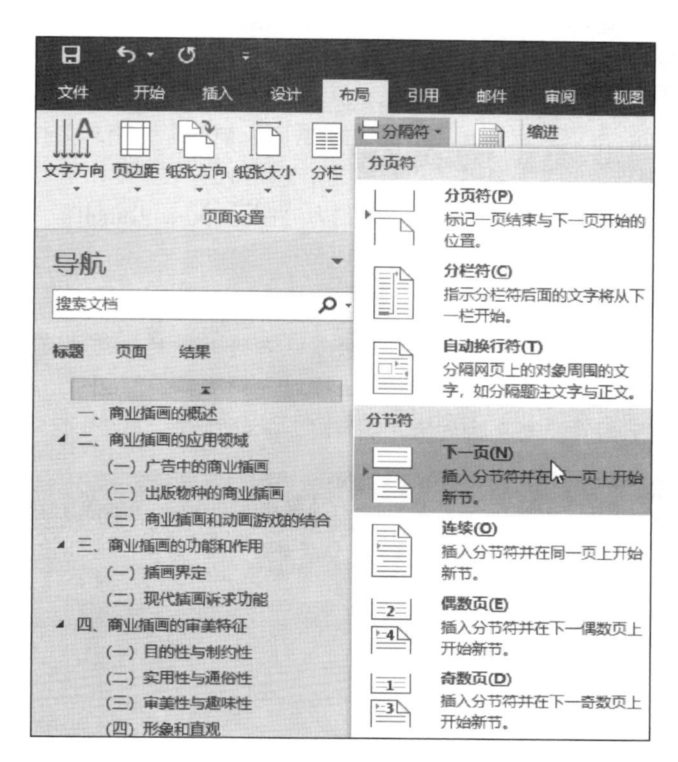

图 2-6-6 插入分节符

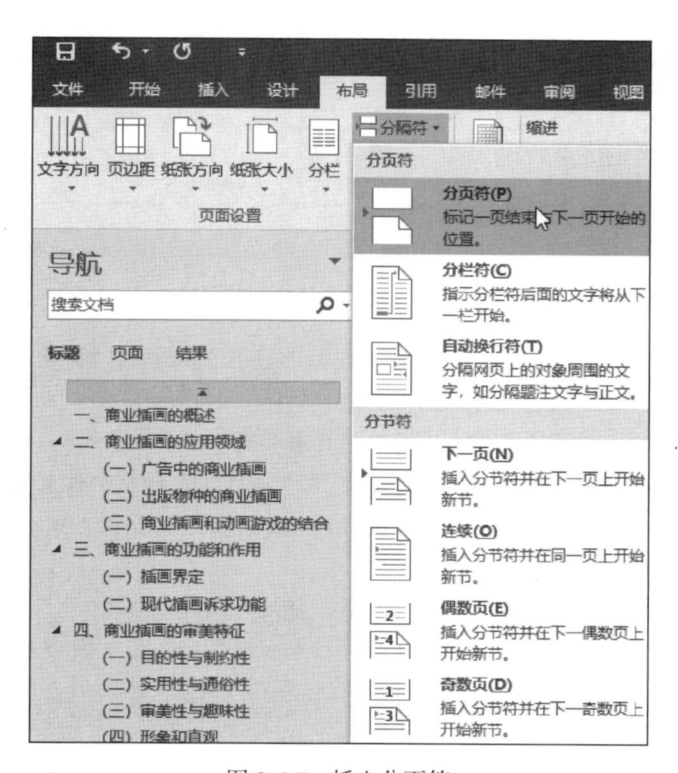

图 2-6-7 插入分页符

4. 插入页眉和页脚。

（1）目录页使用罗马字符页码，居中显示。

（2）从正文开始，奇数页页眉，内容为“浅析商业插画”，格式为楷体小五，右对齐；偶数页页眉，内容为“XX专业”，格式为楷体小五，左对齐。

（3）从正文开始，插入普通数字页码，格式为“Times New Roman”，格式为小五，右对齐。

操作提要

① 将光标定位到文章开始处，插入空白页眉；再将光标定位到“前言”页的页眉位置，选择“页眉和页脚工具/设计”|“导航”|“链接到前一条页眉”选项，转到页脚处，也选择该选项，取消与前一节的页眉与页脚的绑定，如图2-6-8所示，“摘要”页需同样操作取消绑定。

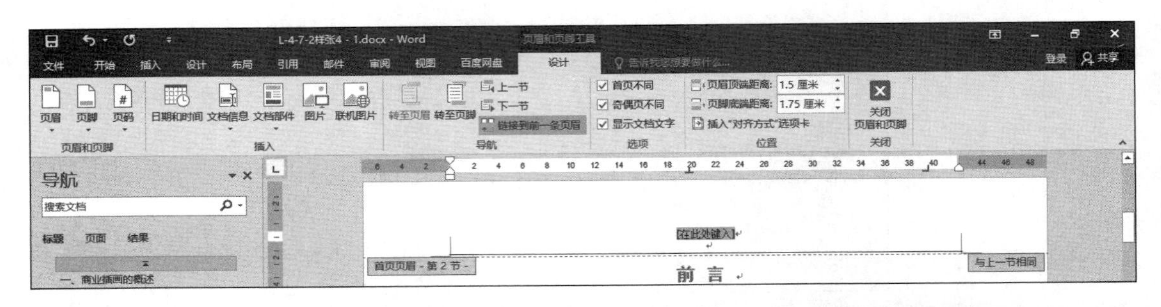

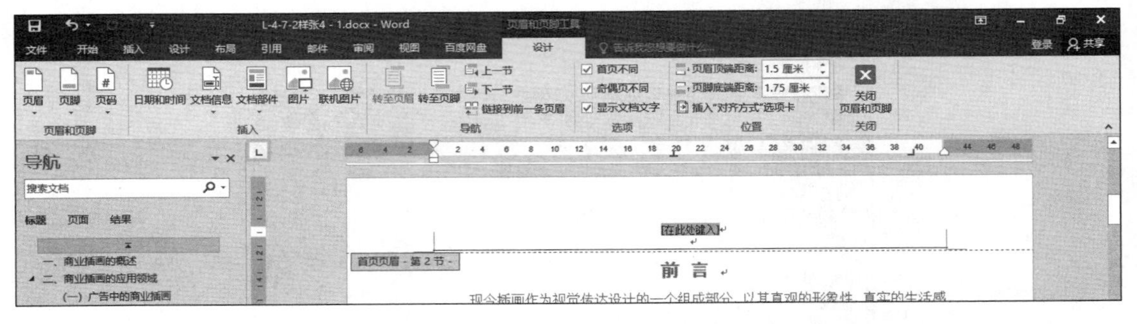

图2-6-8 取消各节之间的链接

② 将光标定位到目录页执行上述取消绑定操作，在页脚插入“普通数字”页码，并修改页码为罗马数字，居中显示，如图2-6-9所示。

③ 将光标定位到正文页的页眉处，选择“页眉和页脚工具/设计”|“选项”|“首页不同”选项，取消首页不同效果，执行上述取消绑定操作；转到页脚处，设置页码格式，如图2-6-10所示，再插入“普通数字”页码，如图2-6-11所示，设置完成后取消绑定；在页眉处输入“浅析商业插画”并设置格式。

④ 将光标定位到正文的偶数页，输入页眉，插入页码并调整格式。

⑤ 将光标定位到文章开始的页眉，在“边框和底纹”对话框中删除页眉的边框。

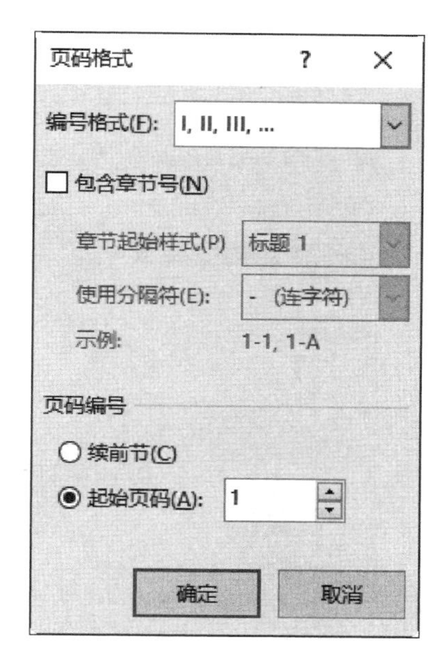

图 2-6-9　目录页页码设置

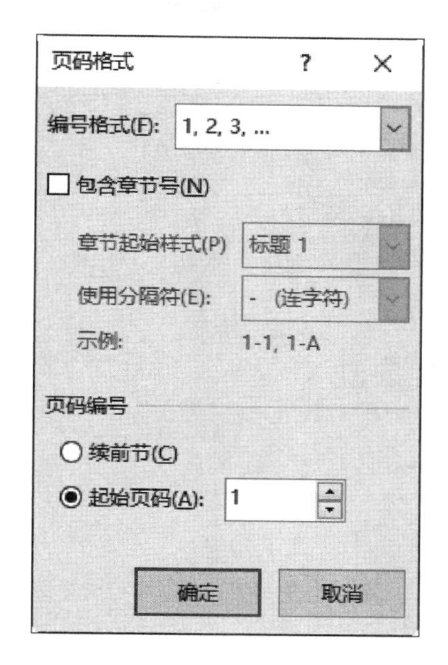

图 2-6-10　正文页页码设置

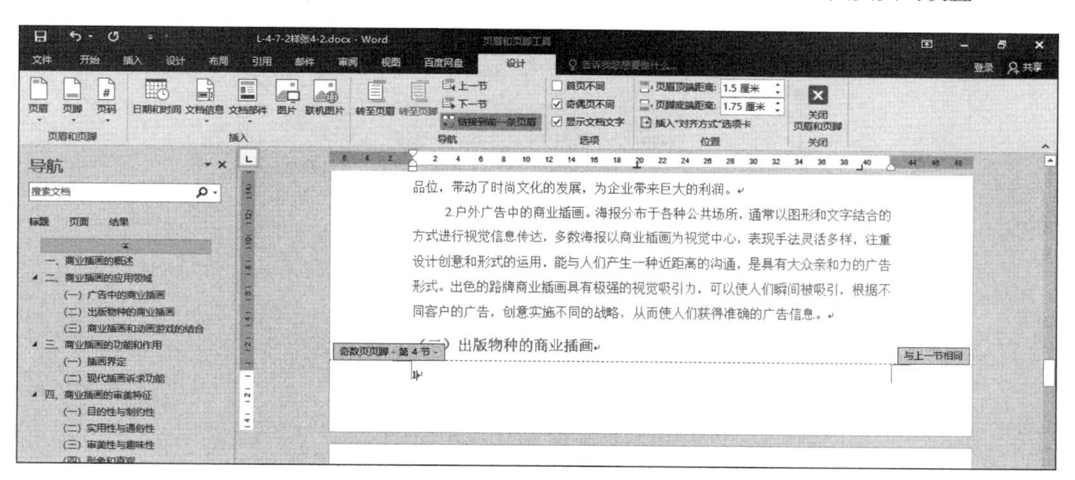

图 2-6-11　正文插入页码

5．创建目录。

在已设置的目录页，创建自动目录，格式如下：

（1）目录 1：黑体，小四，加粗，段前段后 0.5 行。

（2）目录 2：宋体，小四，段前段后 0.5 行，左侧缩进 2 字符。

（3）目录 3：宋体，五号，左侧缩进 4 字符。

操作提要

将光标定位到目录页的标题后一段，恢复“正文”样式，选择“引用”|“目录”|“目录”|“自定义目录”选项，打开“目录”对话框，在对话框中单击“修改”按钮，修改当前目录样式，选择“目录 1”按照要求进行修改，随后再分别修改“目录 2”和“目录 3”的样式，

如图 2-6-12~ 图 2-6-15 所示，完成设置后将在当前位置提取出指定效果目录。

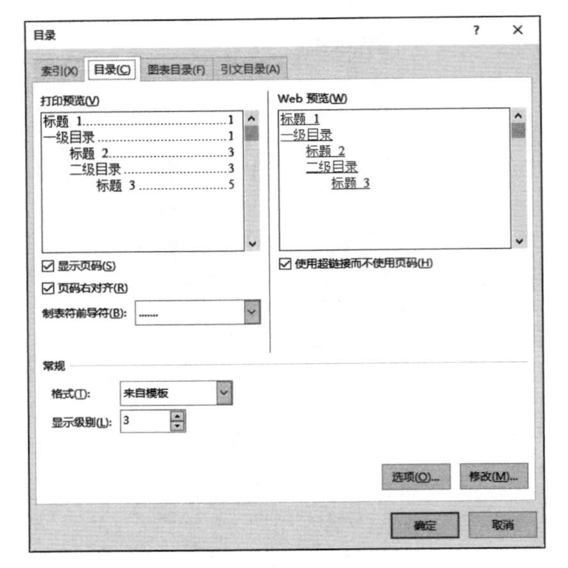

图 2-6-12　设置目录

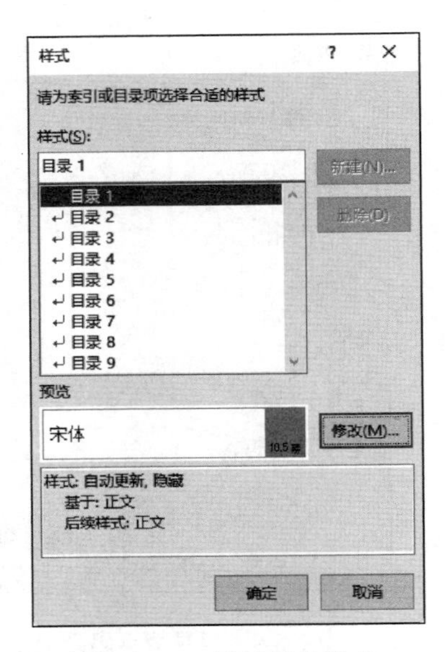

图 2-6-13　设置目录样式

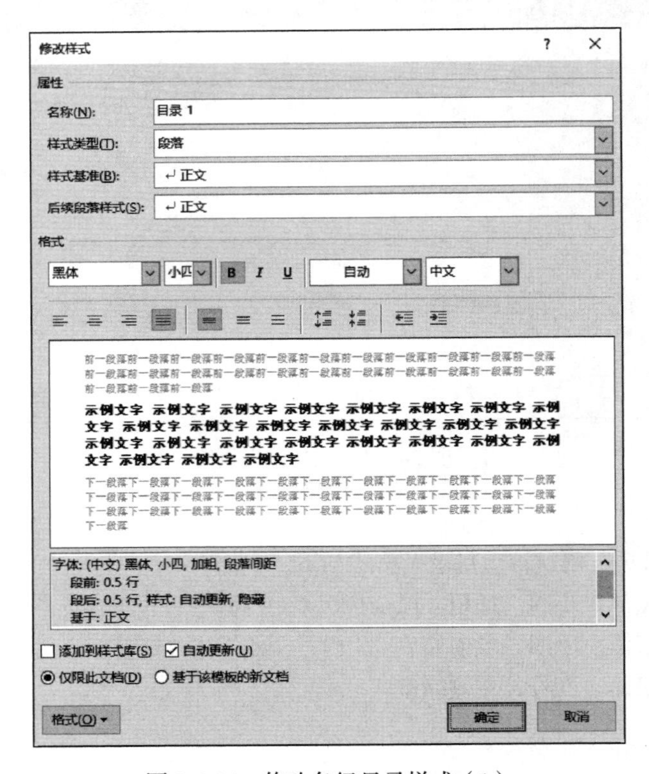

图 2-6-14　修改各级目录样式（1）

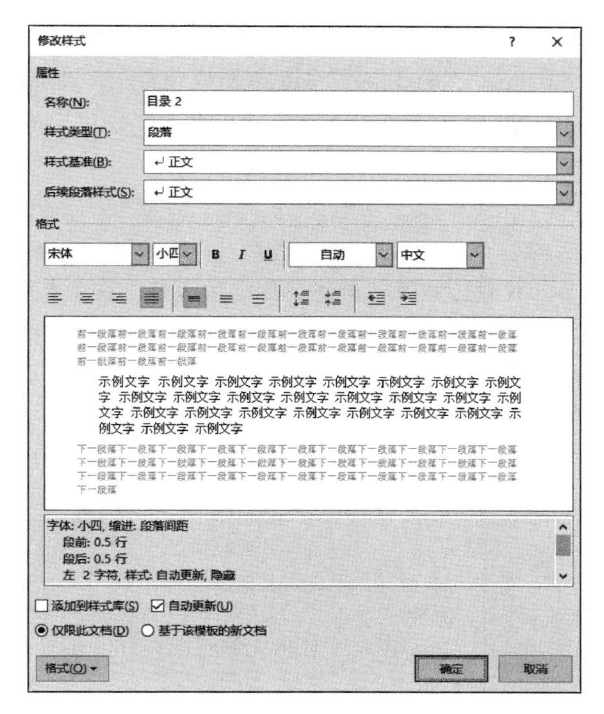

图 2-6-14　修改各级目录样式（2）（续）

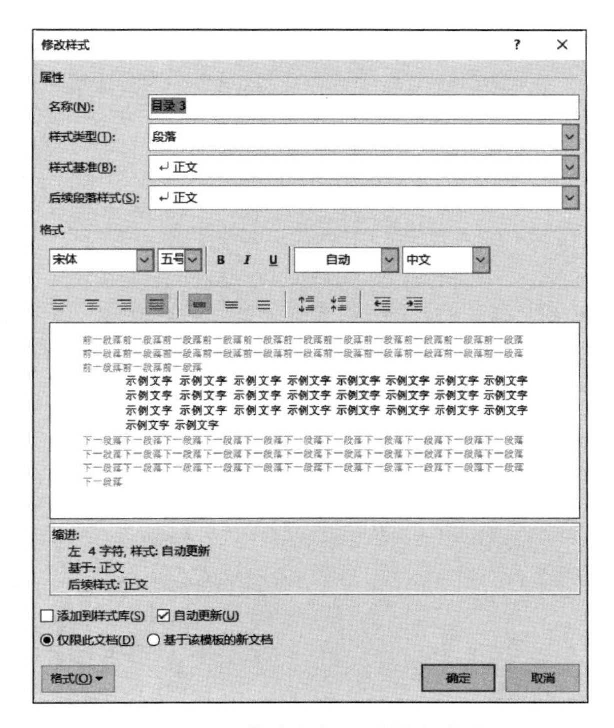

图 2-6-15　修改各级目录样式（3）

6．插入图片，添加自动题注。

将图片 2.6.p1.jpg、2.6.p2.jpg、2.6.p3.jpg 分别插入对应位置，并设置题注，题注格式为黑体，10 磅，居中。

操作提要

① 参照样张插入图片后，选择“引用”|“题注”|“插入题注”选项，在打开的“题注”对话框中单击“新建标签”按钮，打开“新建标签”对话框，在文本框内输入标签内容，如图 2-6-16 所示，设置居中格式。

② 插入题注后，在样式浮动窗中将创建名称为“题注”的样式，此时可以修改题注的各项参数。

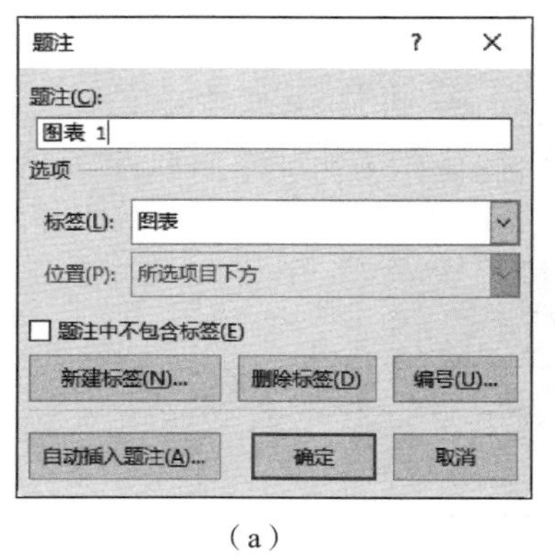

（a）

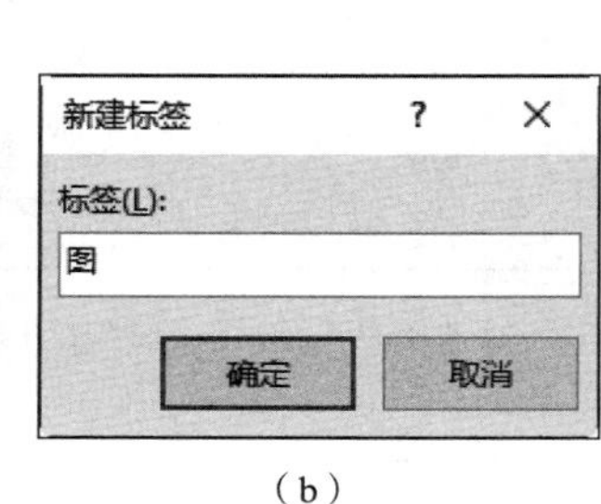

（b）

（c）

图 2-6-16　设置题注

7．刷新目录。

更新目录相关内容。

操作提要

插入图片后，造成论文页码发生变化，需要对目录页进行修改。将光标置入任意目录行中，单击【F9】功能键，或右击，在弹出的快捷菜单中选择“更新域”命令（见图 2-6-17），在“更新目录”对话框中选择更新对象，设置如图 2-6-18 所示。

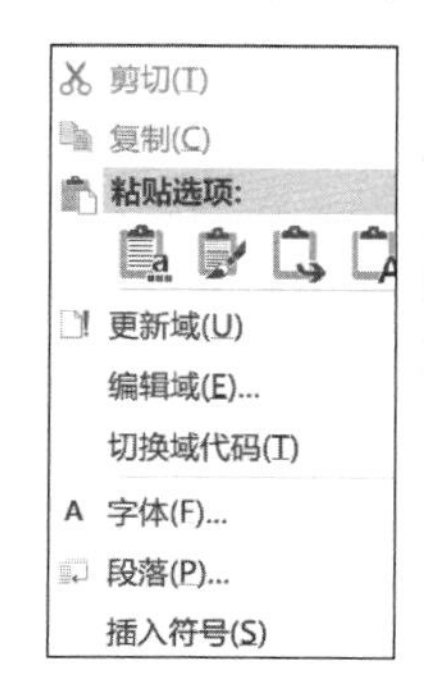

图 2-6-17　更新域

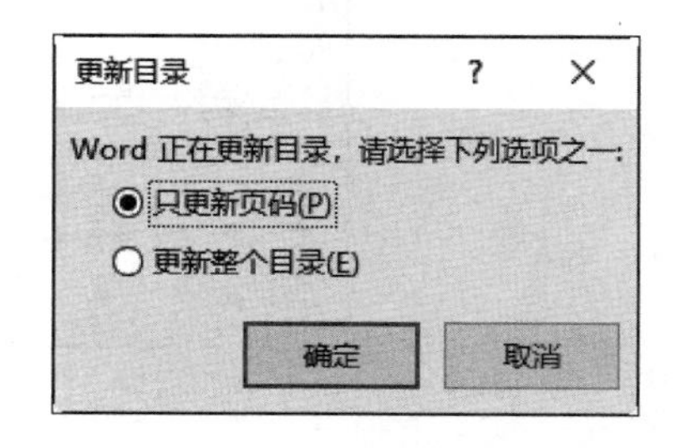

图 2-6-18　更新目录设置

8．将排版好的内容以“word6- 学号 .docx”文件名保存。

实验七　Word 2016 综合排版

一、实验目的

1. 掌握文档排版的各项操作。
2. 掌握文档排版工具的综合运用。

二、实验内容

1. 打开素材中的 word7.docx 文件，按照以下要求操作，效果样张如图 2-7-1 所示。

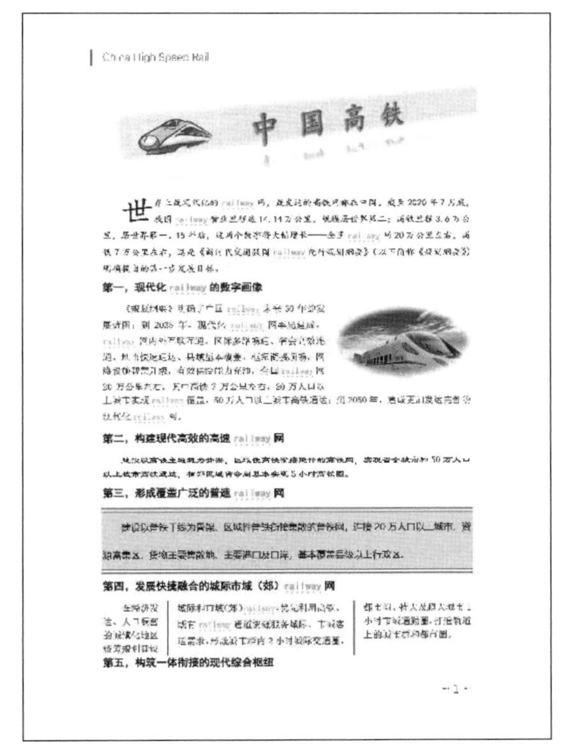
China High Speed Rail

中国高铁

第一，现代化 railway 的数字画像

第二，构建现代高效的高速 railway 网

第三，形成覆盖广泛的普速 railway 网

第四，发展快捷融合的城际市域（郊）railway 网

第五，构筑一体衔接的现代综合枢纽

- 1 -

（a）样张 1

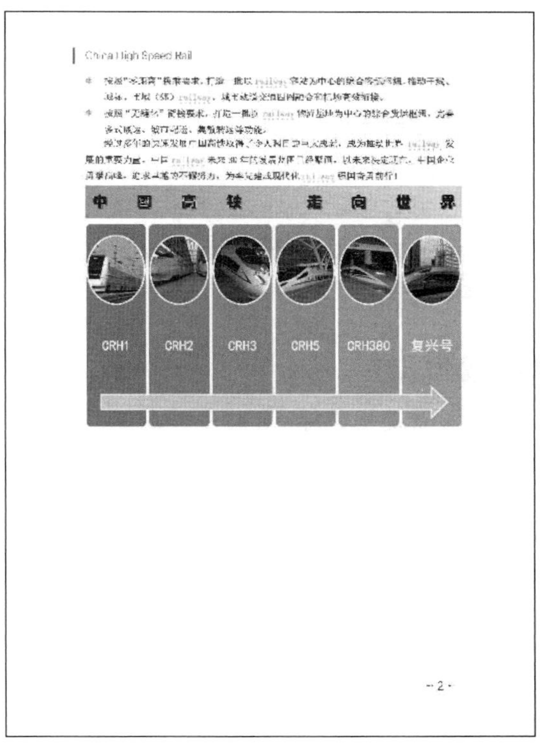
China High Speed Rail

- 2 -

（b）样张 2

图 2-7-1　Word 实验七

2. 艺术字设置。

（1）艺术字插入。将题目转换为艺术字，选择默认效果库中的“渐变填充 - 金色，着色 4，轮廓 - 着色 4”；设置艺术字字体为华文楷体，小初，加粗，红色；文字加宽 10 磅，左下斜偏移的阴影，极右极大透视的旋转。

（2）艺术字形状。设置艺术字填充为“蓝色，个性色 1，淡色 80%”，“紧密映像，接触”的映像效果，10 磅的柔化边缘，极右极大透视的旋转，并参照样张调整艺术字大小。

操作提要

① 艺术字设置也可以使用快速设置完成，选择对象后，在对象的相关位置弹出快速设置面板，如图 2-7-2 所示。

② 分别选择艺术字的“绘图工具 / 格式”|“形状样式”|“形状填充”和“形状效果”选项完成对艺术字外框的设置。

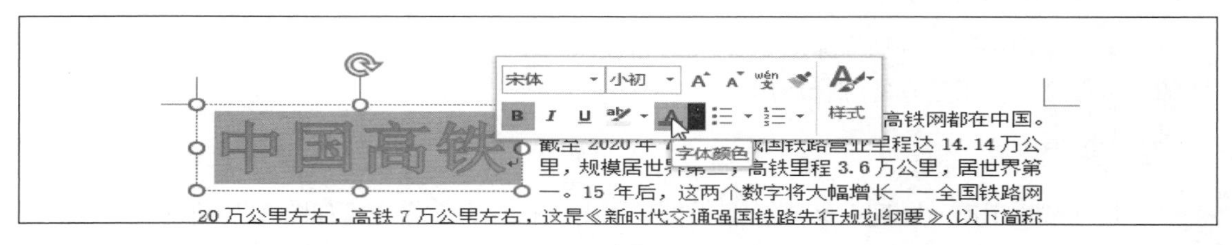

图 2-7-2　快速设置面板

③ 注意参照样张调整艺术字的位置和形状大小。

3. 字符格式设置。

（1）将所有正文文字设置为五号字，首行缩进 2 个字符。

（2）设置文档第 1 段为楷体。

（3）所有小节标题设置为黑体、小四号字、加粗，段前段后 6 磅，不缩进。

（4）设置第一节正文字体为宋体，第二节正文字体为隶书，第三节正文字体为微软雅黑。

操作提要

小节标题制作时，可以先设置一组，然后通过“开始”|“剪贴板”|“格式刷”完成后续 4 组小节的设置。

4. 查找与替换操作。

将文中所有“铁路”替换为“railway”，并将其设置为“金色，个性色 4”的颜色同时加着重号。

操作提要

注意根据题目要求，需将所有的“铁路”替换，所以当向下查找替换完成后，还要查找文档其他位置。

5. 添加首字下沉。

给文档第 1 段的首字“世”添加下沉效果。

操作提要

注意下沉效果，包括下沉行数、位置等。

6. 插入图片。

（1）在标题处插入 2.7.p1.jpg 图片，调整大小和版式，参照样张混排。

（2）在第一小节正文右侧插入 2.7.p2.jpg 图片，设置柔化边缘椭圆图片样式，调整大小和版式，参照样张混排。

操作提要

① 标题处图片，选择“图片工具/格式”|“调整”|“删除背景”选项，完成背景删除；版式设置为“浮于文字上方”。

② 第一小节处图片的样式，通过“图片工具”中的预设样式设置，版式为“四周型”，并注意图片大小对所在行文字个数的影响，参照样张调整。

7. 段落边框和底纹设置。

对第三小节正文添加“浅蓝，3 磅，外粗内细”的双线上下边框，设置“蓝色，个性色 1，淡色 80%”的底纹填充。

操作提要

选择“开始”|“段落”|“边框”|“边框和底纹”选项完成外框和底纹的设置。

8. 分栏。

将第四小节正文分为三栏，分别为 6 字符、18 字符和其他，间距为 2 字符，添加分隔线。

9. 插入项目符号。

将第五小节中的文本添加雪花项目符号，设置浅蓝色，不缩进。

操作提要

设置项目符号后，注意要在“段落”对话框中取消“左缩进”设置。

10. 插入 SmartArt 图形和文本框。

（1）选择 SmartArt 图形。在正文后，插入连续图片列表的 SmartArt 图形，增加图形数量为 6 组，依次插入图片（2.7.p3.jpeg、2.7.p4.jpeg、2.7.p5.jpeg、2.7.p6.jpeg、2.7.p7.jpeg、2.7.p8.jpeg）和文字（CRH1、CRH2、CRH3、CRH5、CRH380、复兴号），参照样张更改箭头符号。

（2）设置 SmartArt 图形格式。设置 SmartArt 图形样式为白色轮廓，颜色为“透明渐变范围 - 个性色 1”；文字为黑体，加粗，参照样张适当调整字号大小。

（3）添加文本框式图形标题。为 SmartArt 图形添加文本框标题“中国高铁 走向世界”，字体为华文琥珀，小二号，加粗，“填充 - 黑色，文本 1，轮廓 - 背景 1，清晰阴影 - 着色 1”的文本效果，分散对齐；添加“蓝色，个性色 1”线性向右的渐变填充；参照样张调整标题文本框大小。

操作提要

① 在正文最后插入题目要求图形（见图 2-7-3），并增加信息组数量；按照顺序插入图片和内容；选中图形中的“双向箭头”，选择“绘图工具/格式”|“形状”|“更改形状”选项（见图 2-7-4），修改为“右箭头”。

② 选中整个 SmartArt 图形框，选择“绘图工具 / 设计”|“SmartArt 样式”|“白色轮廓”选项（见图 2-7-5）；选择“绘图工具 / 设计”|“更改颜色”|“透明渐变范围 - 个性色 1”的个性色 1 选项，如图 2-7-6 所示；并设置文字字体。

③ 在 SmartArt 图形上方插入横排文本框，输入内容后，设置字体和效果，如图 2-7-7 所示先设置颜色，然后再设置渐变效果，如图 2-7-8 所示。

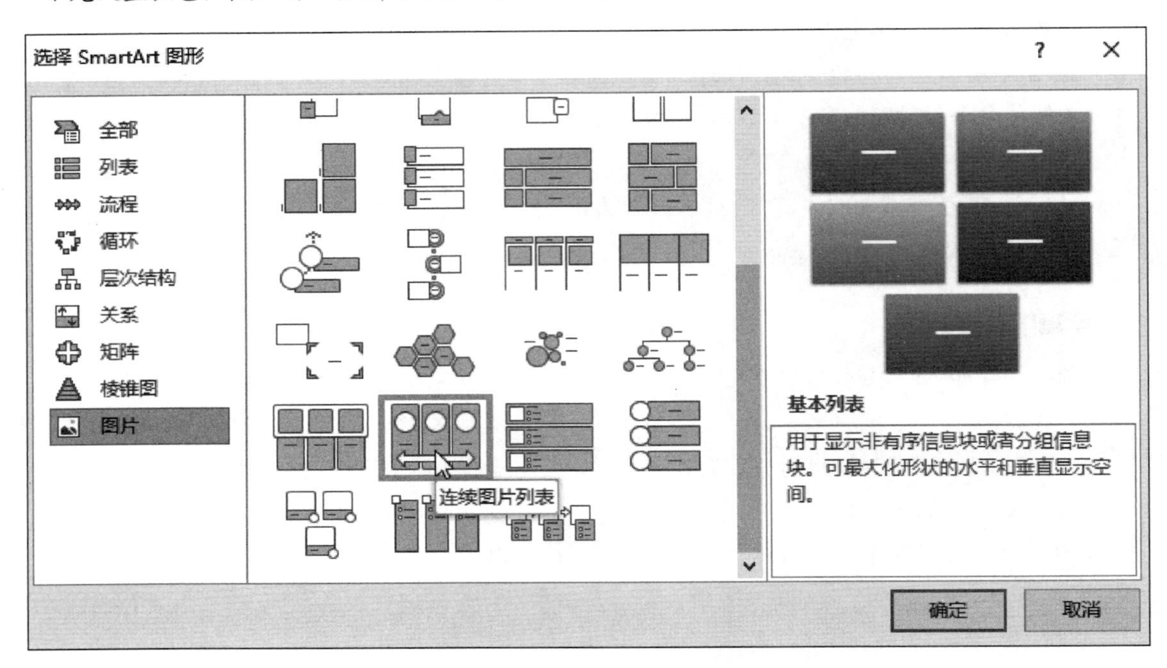

图 2-7-3　选择 SmartArt 图形对话框

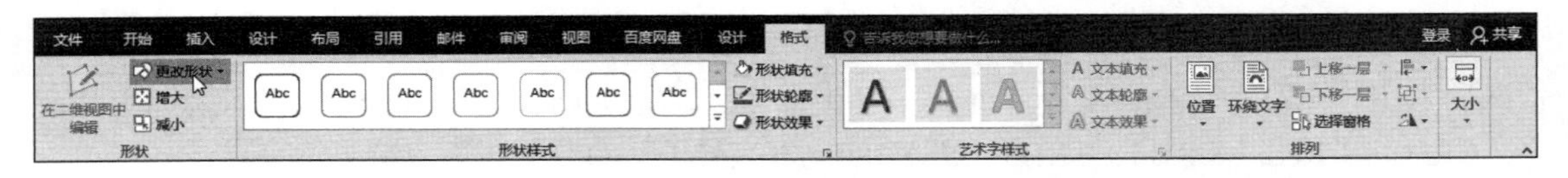

图 2-7-4　修改箭头

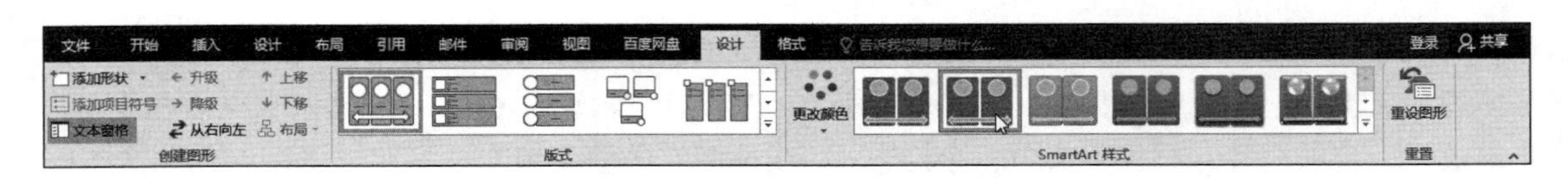

图 2-7-5　修改 SmartArt 样式

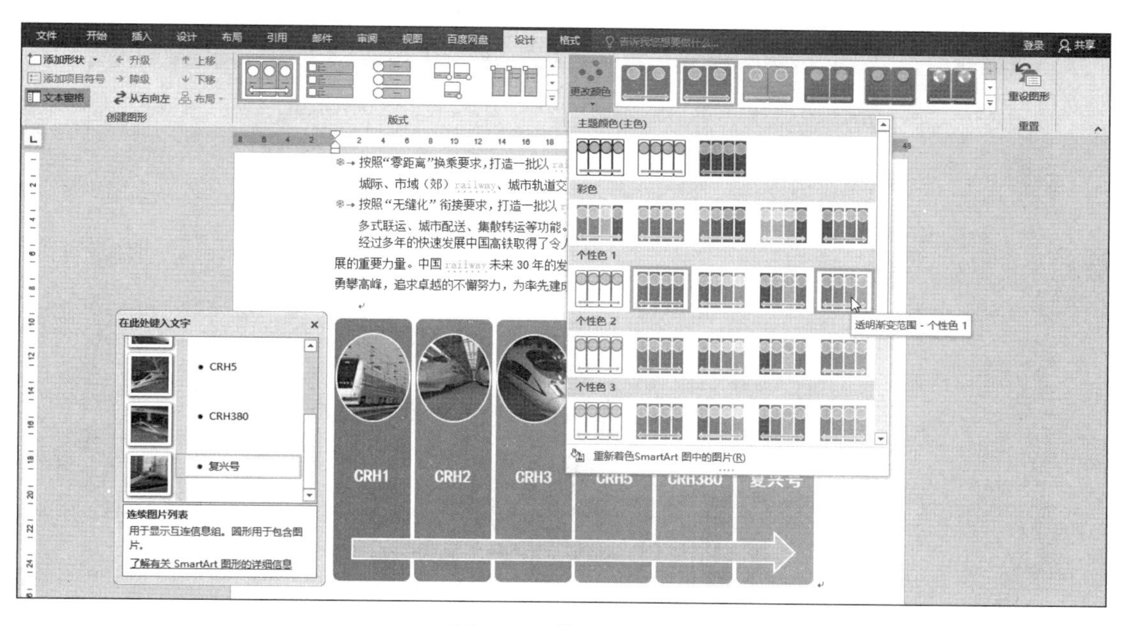

图 2-7-6 修改颜色 1

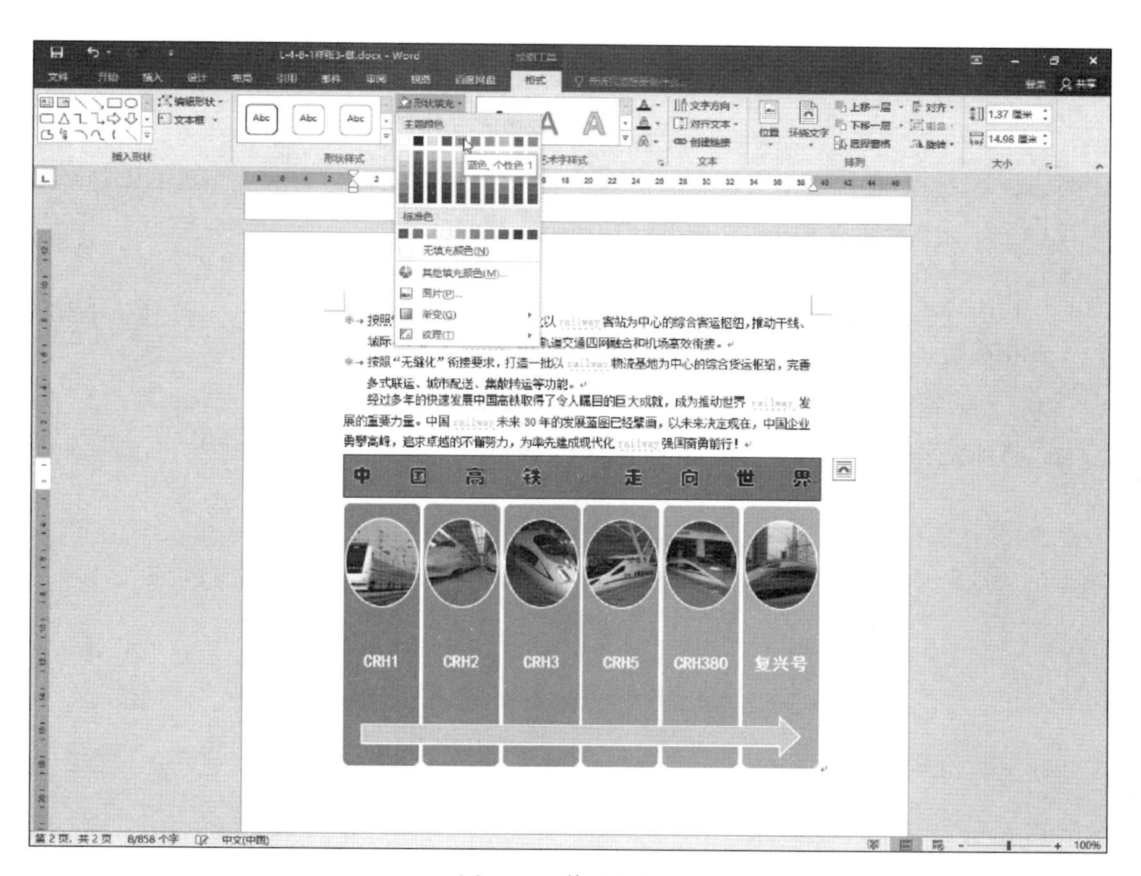

图 2-7-7 修改颜色 2

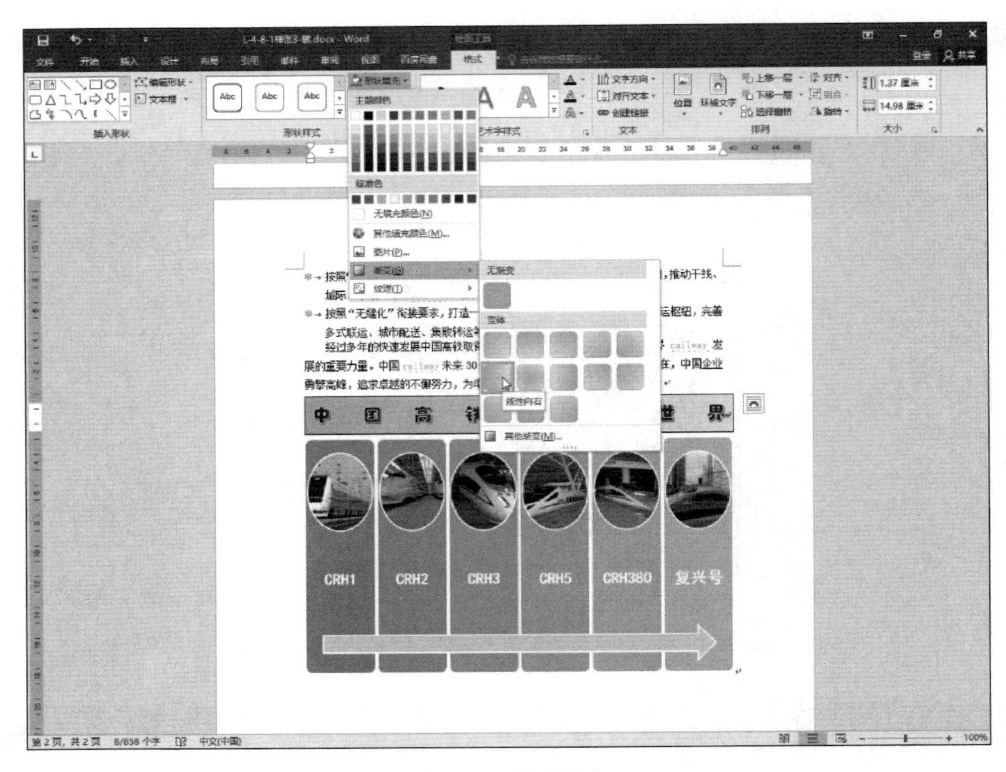

图 2-7-8　修改渐变

11．插入页眉页脚。

（1）插入边线型页眉，内容为“China High Speed Rail”。

（2）插入颚化符页码，右对齐。

操作提要

插入页眉后，会自动生成一条下框线，将框线上的段落符删除就可以清除该框线。

12．将排版好的内容以“word7- 学号 .docx”文件名保存。

第三章 电子表格处理

实验一 Excel 2016 表格的创建及工作表基本操作（一）

一、实验目的

1. 掌握工作表中数据的输入方法。
2. 掌握数据的编辑方法。
3. 掌握工作表的编辑。
4. 掌握工作表格式化的方法。
5. 掌握页眉和页脚的设置方法。

二、实验内容

1. 建立工作表，按照以下要求操作，效果样张如图 3-1-1 所示。

	A	B	C	D	E	F	G	H	I	J	K	L
1	部分学生成绩表											
2	序号	学号	姓名	性别	专业	大学英语	高等数学	计算机基础	总分	等第	名次	
3	1	19102040101	李志伟	男	物联网	45	69	75				
4	2	19204040101	孟娟	女	计科	60	50	68				
5	3	19205060101	王俊哲	男	信管	65	62	58				
6	4	19206050101	张佳露	女	电子商务	85	95	99				
7	5	19206050102	赵泽宇	男	电子商务	67	78	46				
8	6	19204040102	孙丽丽	女	计科	83	72	80				
9	7	19102040102	钱赛帅	男	物联网	56	96	54				
10	8	19204040103	卢照坤	男	计科	59	97	97				
11	9	19205060102	金鸣轩	男	信管	46	78	66				
12	10	19204040104	王小红	女	计科	91	97	70				
13												
14			学生人数									
15			平均分									
16			最高分									
17			最低分									
18			不及格人数									

初始数据表　复制数据表

就绪　120%

（a）样张 1

图 3-1-1　Excel 实验一

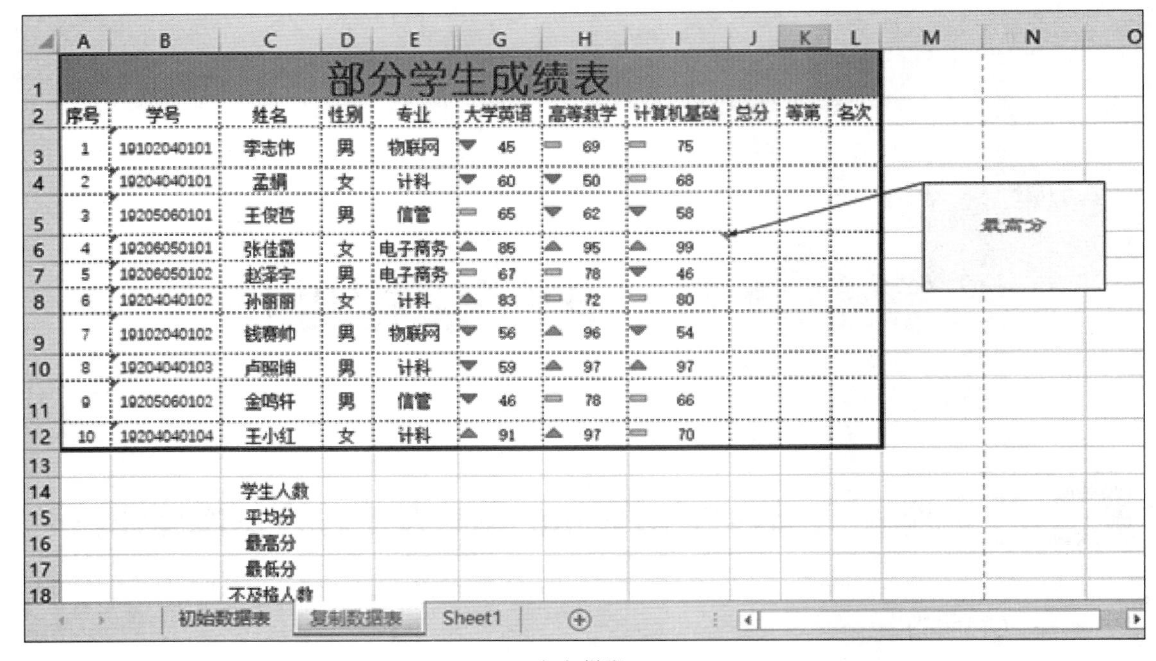

部分学生成绩表										
序号	学号	姓名	性别	专业	大学英语	高等数学	计算机基础	总分	等第	名次
1	19102040101	李志伟	男	物联网	45	69	75			
2	19204040101	孟娟	女	计科	60	50	68			
3	19205060101	王俊哲	男	信管	65	62	58			
4	19206050101	张佳露	女	电子商务	85	95	99			
5	19206050102	赵泽宇	男	电子商务	67	78	46			
6	19204040102	孙丽丽	女	计科	83	72	80			
7	19102040102	钱赛帅	男	物联网	56	96	54			
8	19204040103	卢照坤	男	计科	59	97	97			
9	19205060102	金鸣轩	男	信管	46	78	66			
10	19204040104	王小红	女	计科	91	97	70			
		学生人数								
		平均分								
		最高分								
		最低分								
		不及格人数								

（b）样张 2

部分学生成绩表											
序号	学号	姓名	性别	专业	学院	大学英语	高等数学	计算机基础	总分	等第	名次
1	19102040101	李志伟	男	物联网	物联网技术	45	69	75			
2	19204040101	孟娟	女	计科	计算机	60	50	68			
3	19205060101	王俊哲	男	信管	信息资源管	65	62	58			
4	19206050101	张佳露	女	电子商务	经济管理	85	95	99			
5	19206050102	赵泽宇	男	电子商务	经济管理	67	78	46			
6	19204040102	孙丽丽	女	计科	计算机	83	72	80			
7	19102040102	钱赛帅	男	物联网	物联网技术	56	96	54			
8	19204040103	卢照坤	男	计科	计算机	59	97	97			
9	19205060102	金鸣轩	男	信管	信息资源管	46	78	66			
10	19204040104	王小红	女	计科	计算机	91	97	70			

（c）样张 3

学号	姓名	
19102040101	李志伟	191202040101李志伟
19204040101	孟娟	192402040101孟娟
19205060101	王俊哲	192502040101王俊哲
19206050101	张佳露	192602040101张佳露
19206050102	赵泽宇	192602040101赵泽宇
19204040102	孙丽丽	192402040101孙丽丽
19102040102	钱赛帅	191202040101钱赛帅
19204040103	卢照坤	192402040101卢照坤
19205060102	金鸣轩	192502040101金鸣轩
19204040104	王小红	192402040101王小红

初始数据表　复制数据表　Sheet1　快速填充

（d）样张 4

图 3-1-1　Excel 实验一（续）

2．启动 Excel，在空白工作表中输入以下数据（见图 3-1-2）。

	A	B	C	D	E	F	G	H	I	J	K
1	部分学生成绩表										
2	序号	学号	姓名	性别	专业	大学英语	高等数学	计算机基础	总分	等第	名次
3	1	19102040101	李志伟	男	物联网	45	69	75			
4	2	19204040101	孟娟	女	计科	60	50	68			
5	3	19205060101	王俊哲	男	信管	65	62	58			
6	4	19206050101	张佳露	女	电子商务	85	95	99			
7	5	19206050102	赵泽宇	男	电子商务	67	78	46			
8	6	19204040102	孙丽丽	女	计科	83	72	80			
9	7	19102040102	钱赛帅	男	物联网	56	96	54			
10	8	19204040103	卢照坤	男	计科	59	97	97			
11	9	19205060102	金鸣轩	男	信管	46	78	66			
12	10	19204040104	王小红	女	计科	91	97	70			
13											
14			学生人数								
15			平均分								
16			最高分								
17			最低分								
18			不及格人数								

图 3-1-2　工作表数据

操作提要

①“序号”为数值型，在 A3:A4 单元格中分别输入 1 和 2 后，选中这两个数字单元格，使用单元格右下角的填充柄垂直拖动至所需单元格，系统将自动填充数字序列。

②“学号”为字符型，输入时在数字前加单引号“’”，显示形式：19102040101。

3．工作表设置。

（1）将工作表名改为“初始数据表”，复制“初始数据表”，并将复制的新工作表重新命名为“复制数据表”，标签颜色为“绿色”。

操作提要

① 右击左下角的 Sheet1 标签，在弹出的快捷菜单中选择“重命名”命令，输入名称，如图 3-1-3 所示；双击工作表名处，也可实现重命名操作。

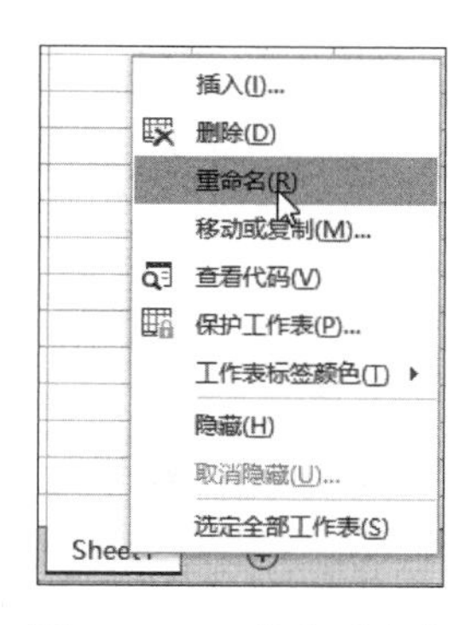

图 3-1-3　工作表重命名

② 复制工作表的方法有两种，第一种是右击“初始工作表”标签，在弹出的快捷菜单中选择“移动或复制”命令，在弹出的对话框中勾选“建立副本”复选框，在“下列选定工作表之前”选择“（移至最后）”选项，单击“确定”按钮，如图 3-1-4 所示；第二种是先选择 Sheet1 工作表，按住【Ctrl】键，用鼠标拖动工作表到指定位置即可；右击复制的工作表，在弹出的快捷菜单中选择“工作表标签颜色”命令，如图 3-1-5 所示。

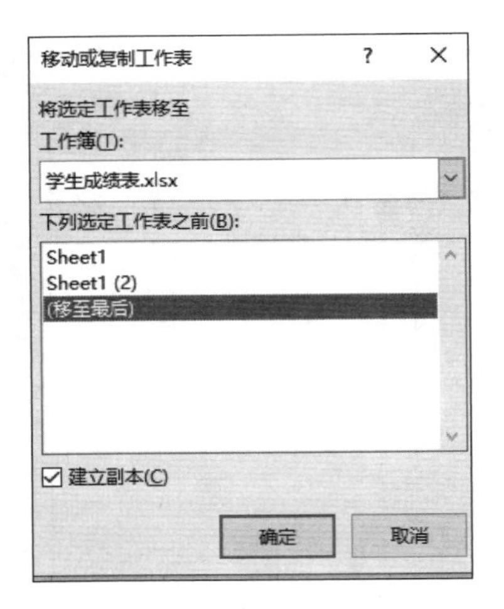

图 3-1-4 “移动或复制工作表”对话框

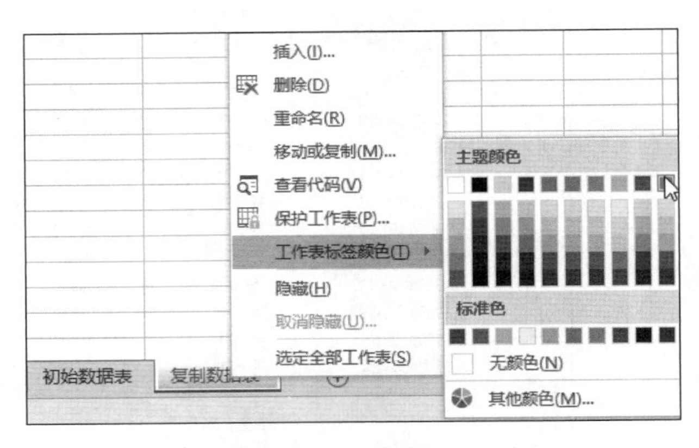

图 3-1-5 设置工作表标签颜色

（2）在“复制数据表”中的 F 列前插入新列，纵向分别输入：学院、物联网技术、计算机、信息资源管理、经济管理、经济管理、计算机、物联网技术学、计算机、信息资源管理、计算机，再将“学院”列隐藏。

操作提要

选中 F 列，在右键快捷菜单中选择“插入”命令，如图 3-1-6 所示；在插入列输入规定内容，注意是纵向输入；选中插入的新列，在右键快捷菜单中选择“隐藏”列，注意观察隐藏后列头显示的区别。

	A	B	C	D	E	F
1	部分学生成绩表					
2	序号	学号	姓名	性别	专业	大学英
3	1	19102040101	李志伟	男	物联网	45
4	2	19204040101	孟娟	女	计科	60
5	3	19205060101	王俊哲	男	信管	65
6	4	19206050101	张佳露	女	电子商务	85
7	5	19206050102	赵泽宇	男	电子商务	67
8	6	19204040102	孙丽丽	女	计科	83
9	7	19102040102	钱赛帅	男	物联网	56
10	8	19204040103	卢照坤	男	计科	59
11	9	19205060102	金鸣轩	男	信管	46
12	10	19204040104	王小红	女	计科	91
13						
14			学生人数			
15			平均分			
16			最高分			
17			最低分			
18			不及格人数			

图 3-1-6 “插入”命令

（3）将“复制数据表”的标题文字设置为幼圆、20 磅、粗体；设置 A1:L1 区域跨列居中；标题单元格填充背景色为浅绿，图案样式为 25% 灰色；除标题外所有数据居中对齐；将各列宽调整为最适合的宽度；设置表格的外框为粗线，内框为虚线。

① 首先对标题单元格设置文字格式，然后拖动选中 A1 到 L1 区域，选择“对齐”选项卡（在右键快捷菜单中的“设置单元格格式”中，也可在工具栏查找）“水平对齐”列表框中的“跨列居中”选项；再在“填充”选项卡中设置背景色和图案样式。

② 选中所有的数据，单击“开始”|“对齐方式”|“居中”按钮。如图 3-1-7 所示。

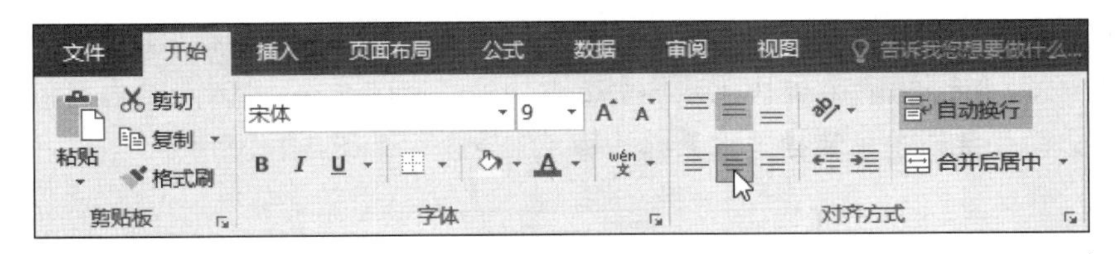

图 3-1-7 对齐方式

③ 选择所有列，在“开始”选项卡中选择“单元格”|“格式”|“自动调整列宽”选项，如图 3-1-8 所示。也可选中所有列，双击任意列顶部相邻位置，自动调整列宽。

④ 选中除标题外的所有单元格，在右键快捷菜单中选择“设置单元格格式”命令，在打开的对话框的“边框”选项卡中设置边框；也可直接在工具栏的“开始”|“字体”|“边框”选项中设置。

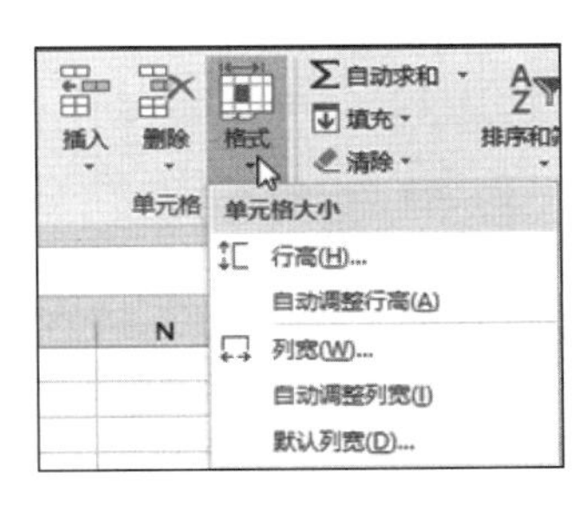

图 3-1-8 列宽（行高）设置

（4）用条件格式将学生各科成绩设置为三角形“图标集”标注。

操作提要

此题目使用图标，自动标注学生成绩的不同情况。操作方法：选中所有课程的成绩，选择“开始”|“样式”|“条件格式”|“图标集”选项，设置如图 3-1-9 所示。

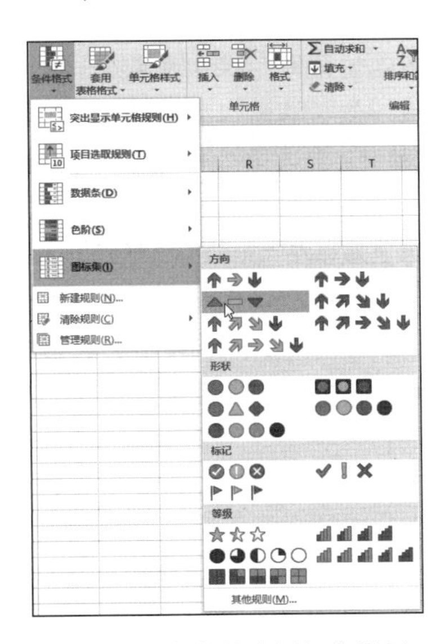

图 3-1-9 条件格式图标集设置

（5）将成绩区域定义为“XSCJ”；为“I6”单元格添加批注“最高分”，将I6单元格的批注格式设置成红色、隶书、12大小的文字，文字在批注框中水平、垂直居中对齐，批注框的背景色为象牙色。

操作提要

① 设置区域命令有两种方法：第一种是选中成绩区域（G3:I12），在右键快捷菜单中选择“定义名称”命令，输入名称；第二种是选中成绩区域，直接在名称框中输入。

② 选中“I6”单元格，在右键快捷菜单中选中“插入批注”命令，输入批注内容。选中批注框，右击，在弹出的快捷菜单中选择“设置批注格式”命令，如图3-1-10所示。

图3-1-10　设置批注格式

（6）新建一个工作表Sheet1，将“复制数据表”中的数据（不包含格式）复制到Sheet1工作表中，然后套用表格格式中浅色区的样式18，并转换到普通区域。

操作提要

① 此题目要求只复制数据不复制格式。操作方法是：先新建一个工作表，再复制所需区域；然后在新工作表中的A1单元格处，在“开始”|“剪贴板”|“粘贴”中选择“粘贴数值”|“值”选项，如图3-1-11所示。

② 选中Sheet1中除标题外的区域，在“开始”|“样式”|“套用表格格式”中选择浅色区的“样式18”；然后，仍保持选中上述区域，选择“表格工具/设计”|“工具”|“转换为区域”选项，如图3-1-12所示，转换为普通区域，将取消所有列右侧的下拉按钮。

图3-1-11　“粘贴数值”选项

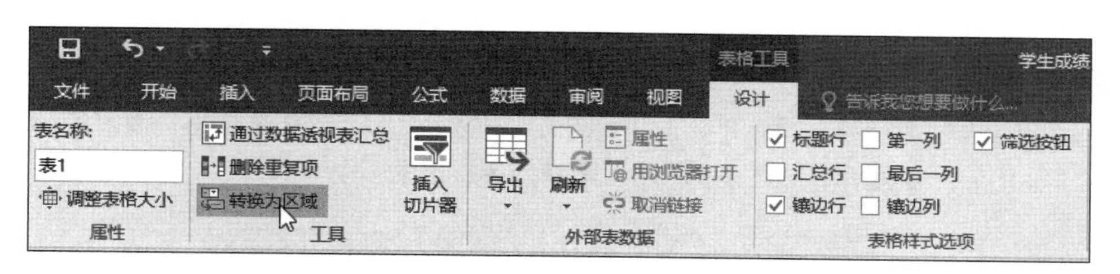

图 3-1-12 转换为区域设置

（7）将“复制数据表”工作表居中方式设置为水平放置；在页眉输入“部分学生成绩表”，在页脚输入打印日期。

操作提要

单击“页面布局”|“页面设置”组中的对话框启动器按钮，在弹出的“页面设置”对话框中，选择“页边距”选项卡，勾选“水平”复选框，如图 3-1-13 所示；选择“页眉 / 页脚”选项卡，设置页眉和页脚，如图 3-1-14 所示。

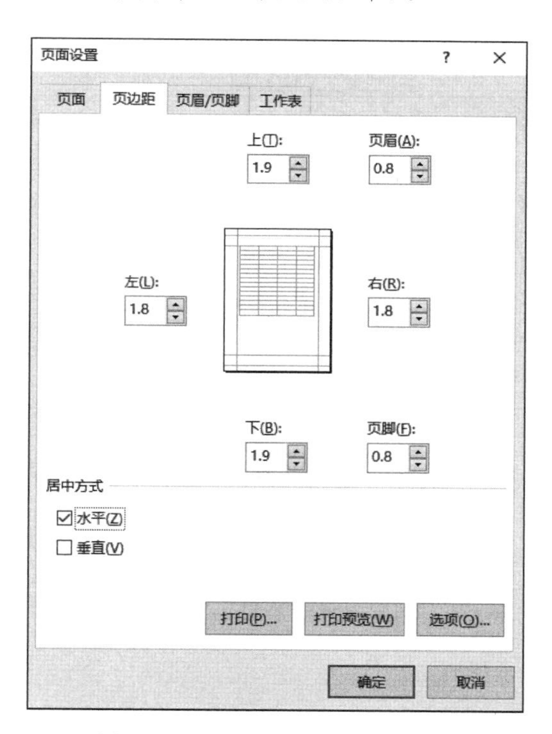

图 3-1-13 “页面设置”对话框中“页边距”选项卡

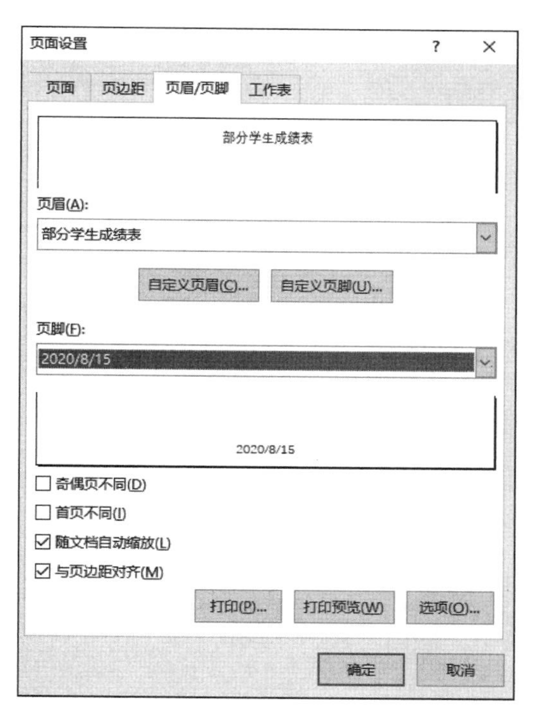

图 3-1-14 “页面设置”对话框中“页眉 / 页脚”选项卡

（8）新建一个工作表，改名为“快速填充”，复制学号和姓名，使用快速填充将学号和姓名放在一个单元格中。

操作提要

先将“学号”和“姓名”两列数值复制到新工作表中，选择C3单元格，输入第一条信息（见图3-1-15），再使用填充柄垂直拖动，选择“快速填充”命令。

	A	B	C
1			
2	学号	姓名	
3	19102040101	李志伟	19102040101李志伟
4	19204040101	孟娟	19204040101孟娟
5	19205060101	王俊哲	19205060101王俊哲
6	19206050101	张佳露	19206050101张佳露
7	19206050102	赵泽宇	19206050102赵泽宇
8	19204040102	孙丽丽	19204040102孙丽丽
9	19102040102	钱赛帅	19102040102钱赛帅
10	19204040103	卢照坤	19204040103卢照坤
11	19205060102	金鸣轩	19205060102金鸣轩
12	19204040104	王小红	19204040104王小红

复制单元格(C)
仅填充格式(F)
不带格式填充(O)
快速填充(F)

图3-1-15 快速填充

4．将结果以“excel1-学号.xlsx”文件名保存。

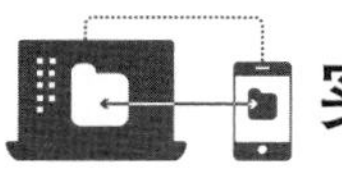

实验二 Excel 2016 表格的创建及工作表基本操作（二）

一、实验目的

1. 掌握工作表中数据的输入方法。
2. 掌握数据的编辑方法。
3. 掌握工作表的编辑。
4. 掌握工作表格式化的方法。
5. 掌握页眉和页脚的设置方法。

二、实验内容

1. 建立工作表，按照以下要求操作，效果样张如图 3-2-1 所示。

	A	B	C	D	E	F	G	H	I	J	K
1	学生成绩表										
2							调整系数	0.95			
3	学号	姓名	物理（分数）	高数（分数）	英语（分数）	语文（分数）	总分	调整总分	平均分	等第	排名
4	00101	王红	98	88	95	90					
5	00102	张强	78	58	75	65					
6	00103	刘涛	90	87	76	86					
7	00104	王志强	86	54	78	75					
8	00105	许琴	97	95	90	94					
9	00106	王明	56	67	68	65					
10	00107	刘建红	78	66	78	70					
11	00108	洪丽丽	98	87	78	85					
12	00109	牛涛	78	99	88	88					
13	00110	张晶	76	87	85	80					
14	各科平均分										
15	各科最高分										
16	各科最低分										

（a）“学生成绩表”样张 1

	A	B	C	D	E	F	G	H	I	J	K
1	学生成绩表										
2							调整系数	0.95			
3	学号	姓名	物理（分数）	高数（分数）	英语（分数）	语文（分数）	总分	调整总分	平均分	等第	排名
4	00101	王红	98	88	95	90					
5	00102	张强	78	58	75	65					
7	00104	王志强	86	54	78	75					
8	00105	许琴	97	95	90	94					
9	00106	王明	56	67	68	65					
10	00107	刘建红	78	66	78	70					
11	00108	洪丽丽	98	87	78	85					
12	00109	牛涛	78	99	88	88					
13	00110	张晶	76	87	85	80					
14	各科平均分										
15	各科最高分										
16	各科最低分										
17	所有成绩最高分										

（b）“学生成绩表”样张 2

图 3-2-1 Excel 实验二

学生成绩表

学生成绩表										
						调整系数	0.95			
学号	姓名	物理（分数）	高数（分数）	英语（分数）	语文（分数）	总分	调整总分	平均分	等第	排名
00101	王红	98	88	95	90					
00102	张强	78	58	75	65					
00104	王志强	86	54	78	75					
00105	许琴	97	95	90	94					
00106	王明	56	67	68	65					
00107	刘建红	78	66	78	70					
00108	洪丽丽	98	87	78	85					
00109	牛涛	78	99	88	88					
00110	张晶	76	87	85	80					
各科平均分										
各科最高分										
各科最低分										
所有成绩最高分										

excel.xlsx 2020/8/20

（c）“学生成绩表”样张 3

	A	B	C	D	E	F	G	H	I	J	K
1	学生成绩表										
2							调整系数	0.95			
3	学号	姓名	物理（分数）	高数（分数）	英语（分数）	语文（分数）	总分	调整总分	平均分	等第	排名
4	00101	王红	98	88	95	90					
5	00102	张强	78	58	75	65					
6	00103	刘涛	90	87	76	86					
7	00104	王志强	86	54	78	75					
8	00105	许琴	97	95	90	94					
9	00106	王明	56	67	68	65					
10	00107	刘建红	78	66	78	70					
11	00108	洪丽丽	98	87	78	85					
12	00109	牛涛	78	99	88	88					
13	00110	张晶	76	87	85	80					

（d）“学生成绩表”样张 4

图 3-2-1　Excel 实验二（续）

2．启动 Excel，在空白工作表中输入以下数据（见图 3-2-2）。

	A	B	C	D	E	F	G	H	I	J	K
1	学生成绩表										
2							调整系数	0.95			
3	学号	姓名	物理（分数）	高数（分数）	英语（分数）	语文（分数）	总分	调整总分	平均分	等第	排名
4	00101	王红	98	88	95	90					
5	00102	张强	78	58	75	65					
6	00103	刘涛	90	87	76	86					
7	00104	王志强	86	54	78	75					
8	00105	许琴	97	95	90	94					
9	00106	王明	56	67	68	65					
10	00107	刘建红	78	66	78	70					
11	00108	洪丽丽	98	87	78	85					
12	00109	牛涛	78	99	88	88					
13	00110	张晶	76	87	85	80					
14	各科平均分										
15	各科最高分										
16	各科最低分										

图 3-2-2　学生成绩数据表

学号为字符型，数字前加单引号（’），输入两个学号后，使用填充柄垂直拖动到最后，产生字符序列。

3. 工作表的编辑及格式化。

（1）将工作表改名为“初始数据表”，复制后重命名为“复制数据表”，标签颜色为“绿色”。

操作提要

① 在 Sheet1 标签处右击，在弹出的快捷菜单中选择“重命名”命令，输入新工作表名称。

②按住【Ctrl】键，用鼠标拖动 Sheet1 工作表到指定位置即可实现复制；右击复制的工作表，在弹出的快捷菜单中选择“工作表标签颜色”命令，设置标签颜色。

（2）在“复制数据表”工作表中，将“刘涛”所在行隐藏。

操作提要

选中第 6 行（单击左侧行标签），在弹出的快捷菜单中选择“隐藏”命令。

（3）在“复制数据表”中，将标题文字设置为隶书、20 磅、粗体、红色，将标题在 A1:K1 区域合并后居中；单元格填充图案颜色为“白色，背景 1，深色 25%”，图案样式为“水平 条纹”。

操作提要

①选中 A1:K1 区域，选择“开始”|“对齐方式”|“合并后居中”选项，如图 3-2-3 所示。

② 选中合并的单元格，右击，在弹出的快捷菜单中选择“设置单元格格式”命令，在“填充”选项卡中设置图案颜色和图案样式，如图 3-2-4 所示。

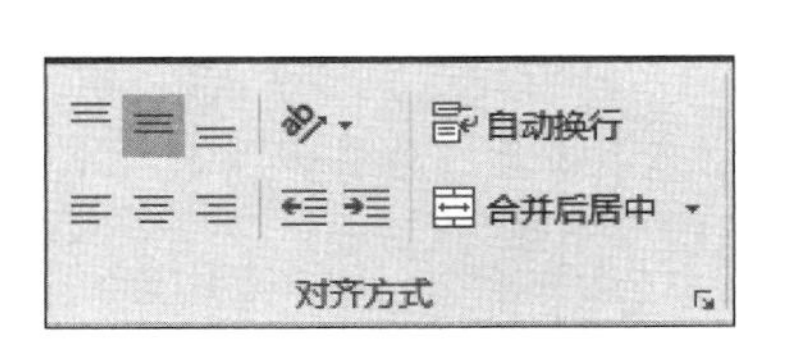

图 3-2-3　合并后居中

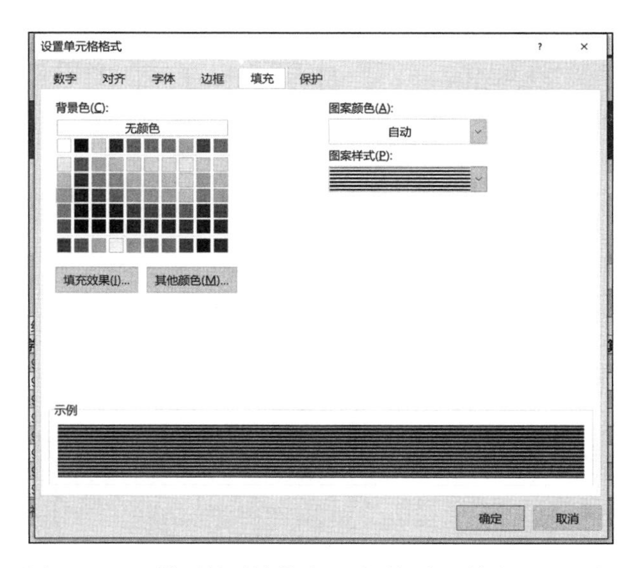

图 3-2-4　“设置单元格格式”对话框中“填充”选项卡

（4）除标题外所有数据居中对齐；将四门课程的字段名分两行显示，如：物理（分数），各列宽、行高调整为最适合的宽度和高度；按样张设置表格的外框为粗线，内框为细线，注意第 1 行的下线为粗线。

操作提要

① 字段名分两行显示，这需要进行强制换行，与自动换行不同，强制换行根据强制换行插入的位置进行换行。将光标定位在要换行的字符中间，按【Alt+Enter】组合键插入强制换行即可。

② 边框设置在“开始”|“字体”|“边框”选项中设置，也可以在“设置单元格格式”对话框中进行设置。

（5）用条件格式将四门课程中不及格的成绩设置成红色、加粗。

操作提要

条件格式设置：先选中所有课程的成绩，选择“开始”|“样式”|“条件格式”中的“突出显示单元格规则”子菜单中的“小于”选项，如图 3-2-5 所示，在“小于”对话框中输入条件并设置“自定义格式”，如图 3-2-6 所示。

图 3-2-5 “条件格式”下拉列表

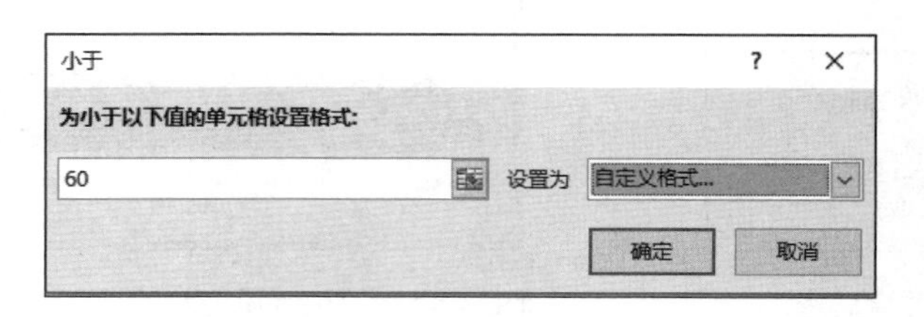

图 3-2-6 “小于”对话框

（6）在 A17 单元格输入“所有成绩最高分”，为 C4:F13 区域定义一个区域名 DATA。

（7）为 B8 单元格添加批注“第一名”，将批注格式设置成红色、隶书、14 大小的文字，文字在批注框中水平、垂直居中对齐，批注框的背景色为灰色 -25%，边框颜色为红色，将批注隐藏。

操作提要

① 选中 B8 单元格，选择右键快捷菜单中的“插入批注”命令，输入批注内容。选中批注框，右击，在弹出的快捷菜单中选择“设置批注格式”命令。

② 选中 B8 单元格，选择右键快捷菜单中的“隐藏批注”命令，如图 3-2-7 所示。

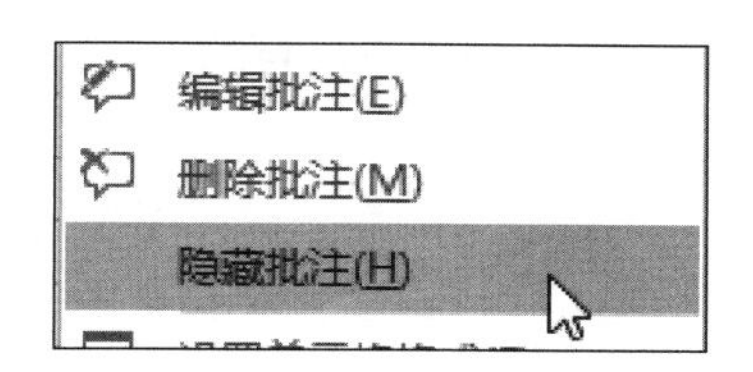

图 3-2-7　批注设置

（8）新建一个新工作表 Sheet1，将“复制数据表”中的数据（不包含格式）复制到 Sheet1 工作表中，然后套用表格格式中浅色区的表样式浅色 9，并转换到普通区域。

（9）设置“复制数据表”工作表，页面方向为横向；页边距为水平居中和垂直居中；在页眉输入“学生成绩表”，在页脚输入“文件名 & 打印日期”。

操作提要

单击“页面布局”|“页面设置”组中的对话框启动器按钮，在“页面设置”对话框中选择“页面”选项卡，方向勾选“横向”，选择“页边距”选项卡，勾选“水平”和“垂直”；选择“页眉 / 页脚”选项卡，单击“自定义页眉”和“自定义页脚”按钮，设置页眉为“学生成绩表”，页脚为“文件名 & 打印日期”，如图 3-2-8 和图 3-2-9 所示。

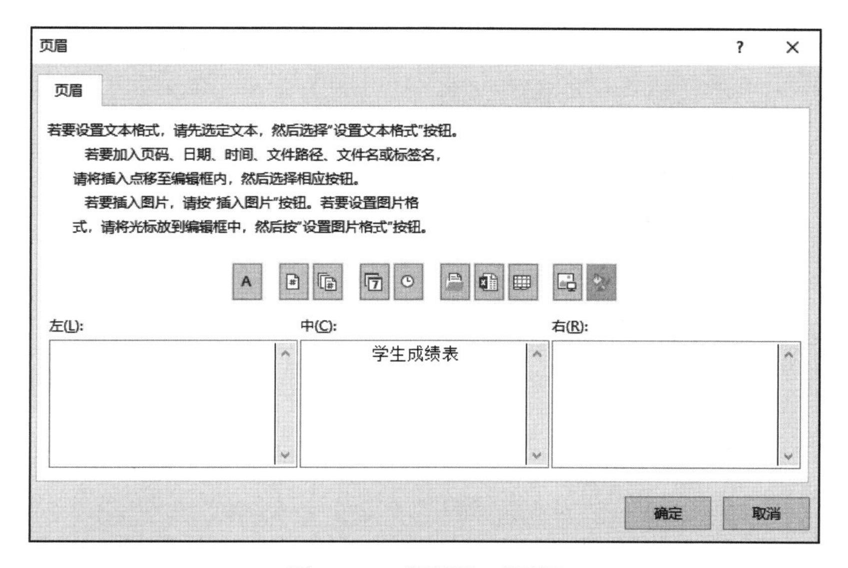

图 3-2-8　“页眉”对话框

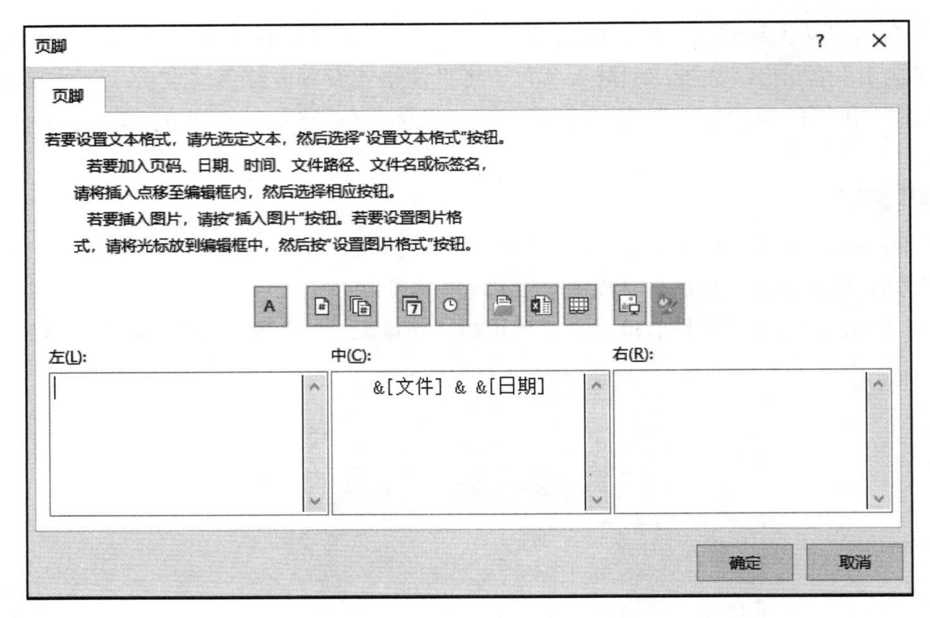

图 3-2-9 “页脚”对话框

4．将结果以“excel2- 学号 .xlsx”文件名保存。

实验三 Excel 2016 表格的公式与函数（一）

一、实验目的

1．掌握公式的使用方法。
2．掌握函数的使用方法。
3．掌握相对地址和绝对地址。
4．掌握函数的嵌套。

二、实验内容

1．打开素材中的 excel3.xlsx 文件，按照以下要求操作，效果样张如图 3-3-1 所示。

	A	B	C	D	E	G	H	I	J	K	L	M
1	部分学生成绩表											
2	序号	学号	姓名	性别	专业	大学英语	高等数学	计算机基础	总分	计算机水平	等第	名次
3	1	19102040101	李志伟	男	物联网	45	69	75	189	好	一般	8
4	2	19204040101	孟娟	女	计科	60	50	68	178		一般	10
5	3	19205060101	王俊哲	男	信管	65	62	58	185		一般	9
6	4	19206050101	张佳露	女	电子商务	85	95	99	279	好	优秀	1
7	5	19206050102	赵泽宇	男	电子商务	67	78	46	191		一般	6
8	6	19204040102	孙丽丽	女	计科	83	72	80	235	好	一般	4
9	7	19102040102	钱赛帅	男	物联网	56	96	54	206		一般	5
10	8	19204040103	卢照坤	男	计科	59	97	97	253	好	良好	3
11	9	19205060102	金鸣轩	男	信管	46	78	66	190		一般	7
12	10	19204040102	王小红	女	计科	91	97	70	258		良好	2
13												
14			学生人数			10						
15			平均分			65.7	79.4	71.3				
16			最高分			91	97	99				
17			最低分			45	50	46				
18			不及格人数			4	1	3				

最高分

（a）“部分学生成绩表”样张 1

	A	B	C	D	E	F	G	H	I
1	某企业职工信息表							当前日期	2020/7/10
2	序号	姓名	性别	部门	出生日期	参加工作日期	年龄	工龄	退休日期
3	1	黄小明	男	网络中心	1963/9/8	1988/6/16	57	32	2023/9/8
4	2	张有尹	女	人事处	1971/2/1	1994/9/1	49	25	2026/2/1
5	3	刘明艳	女	销售部	1965/6/5	1990/6/25	55	30	2020/6/5
6	4	金国鹏	男	企划部	1970/1/3	1994/8/25	50	25	2030/1/3
7	5	王水波	男	运维部	1972/5/6	1996/8/26	48	23	2032/5/6
8	6	许天洛	男	销售部	1984/7/8	2009/7/27	36	10	2044/7/8
9	7	张天和	男	企划部	1969/1/27	1993/8/18	51	26	2029/1/27
10	8	张小雨	女	销售部	1985/6/9	2010/7/30	35	9	2040/6/9
11	9	谢小飞	男	企划部	1994/10/1	2017/7/15	26	2	2054/10/1
12	10	张小红	女	运维部	1990/11/12	2016/7/1	30	4	2045/11/12

（b）“部分学生成绩表”样张 2

图 3-3-1 Excel 实验三

2．利用公式和函数进行计算。

（1）在“复制数据表”中按样张计算学生的总分、学生人数，并统计各科目的平均分、最高分、最低分，利用公式、填充柄组合，提高效率。

操作提要

以“总分”计算为例，首先对第一个“总分”，利用“开始”|“编辑”|“自动求和”下拉列表中的“求和”操作计算，如图 3-3-2 所示；也可在“编辑栏”中直接输入计算式实现；其余的“总分”通过填充柄方式实现。

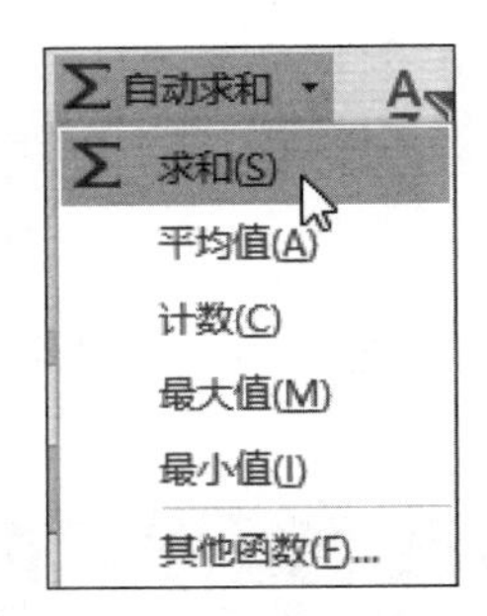

图 3-3-2 “自动求和”下拉列表

（2）在“复制数据表”中按样张计算每门课程的不及格人数。

操作提要

统计满足不及格条件的人数，可通过 COUNTIF 函数实现。“Range”表示统计的数据区域为 G3:G12，“Criteria”表示判断条件为“小于 60”，函数设置如图 3-3-3 所示，函数计算式如图 3-3-4 所示，其余课程不及格人数通过填充柄方式实现。

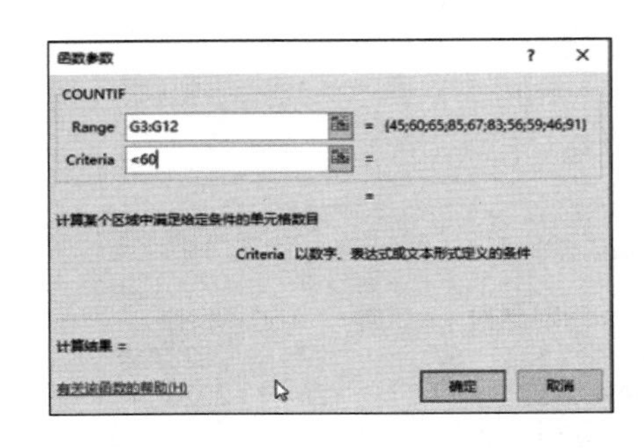

图 3-3-3 “COUNTIF 函数参数”对话框

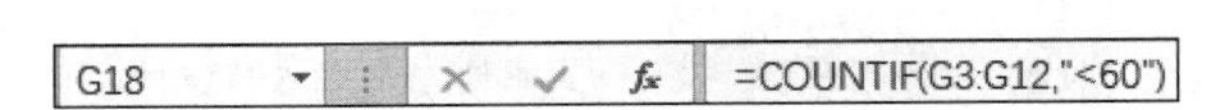

图 3-3-4 COUNTIF 函数示例

（3）在“复制数据表”中，按样张统计学生排名。

操作提要

① 第 1 个学生，总分在 J3 单元格，等第在 L3 单元格，排名可通过 Rank 函数来实现，其中“Number”为需要排名的数字所在的单元格名称，“Ref”为参加排名的范围（见图 3-3-5）。函数计算式同样包括以上部分，计算式如图 3-3-6 所示。

② 注意指定计算排名的数据区域时，应使用单元格的绝对地址。

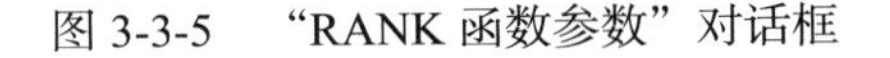

图 3-3-5 “RANK 函数参数”对话框

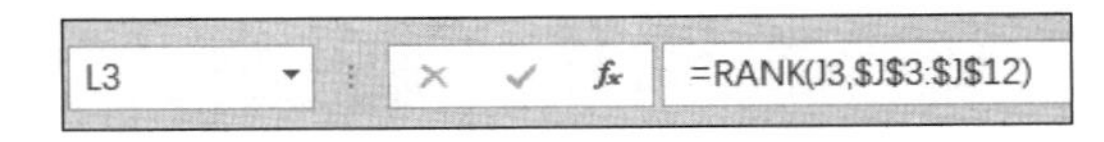

图 3-3-6 RANK 函数示例

（4）在“复制数据表”中，在“等第”列前插入“计算机水平”列；按样张计算学生计算机水平及成绩等第。

操作提要

① 判断学生计算机水平，可使用简单 IF 函数。I15 是计算机成绩的平均值，I3 是第一位学生的计算机成绩，K3 是“计算机水平”。函数参数如图 3-3-7 所示，“Logical_test”表示本函数的判断条件，即判断哪个单元格是否满足条件描述；“Value_if_true”表示判断条件满足的结果；“Value_if_false”表示判断条件不满足的结果。本题判断函数的意思是：I3>I15 吗？大于，K3 结果为“好”；不大于，K3 结果为“ ”。

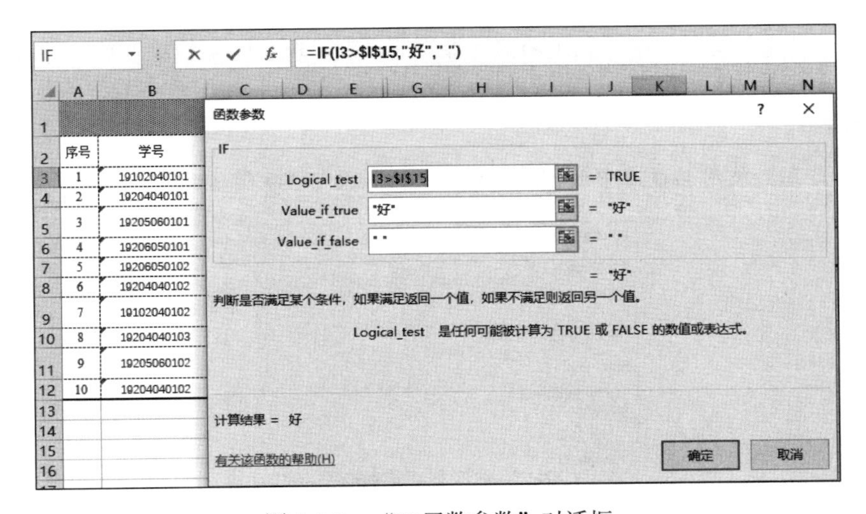

图 3-3-7 “IF 函数参数”对话框

注　意： 引用存放平均分单元格的地址必须是绝对地址引用，否则使用填充柄对其他学生的计算机水平进行评价时结果将不正确，为什么？请同学们分析其原因。

② 判断学生“等第”，可使用嵌套 IF 函数。第一个学生的总分在 J3 中，结果在 L3 中，函

数参数如图 3-3-8 所示。此处要注意“Value_if_false”，这表示结果不满足时，可以再进行另一个判断。本题判断函数可解释为：当 J3>=270 时，L3 结果为优秀；否则，如果 240<=J3<270，L3 结果为良好；如果 J3<240，结果为一般。

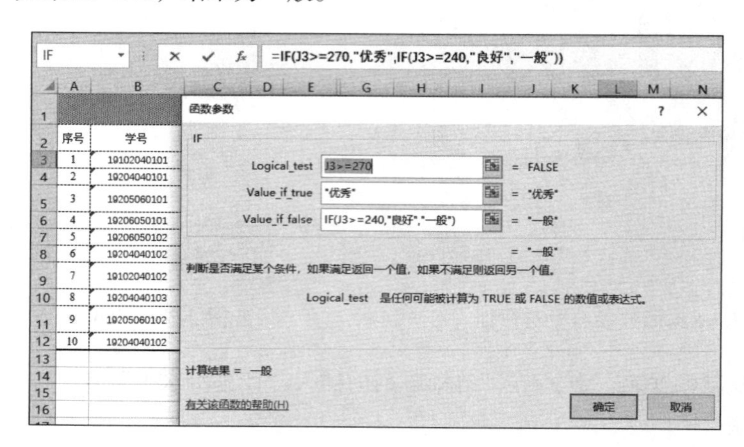

图 3-3-8　嵌套 IF 函数使用

（5）平均值保留一位小数，全部居中，文字大小为 9 磅，注意表格边框的设置。

操作提要

① 选择“开始”|“数字”|“增加小数位数”或“减少小数位数”选项设置。

② 使用填充柄后表格的边框线可能有所变化，选中表格，在右键快捷菜单中选择“设置单元格格式”命令，在弹出的对话框中重新设置。

（6）在“日期时间表”中，利用函数计算当前日期、职工的年龄、工龄及退休日期。

操作提要

① 当前日期，使用函数库中的 TODAY 函数，如图 3-3-9 所示。

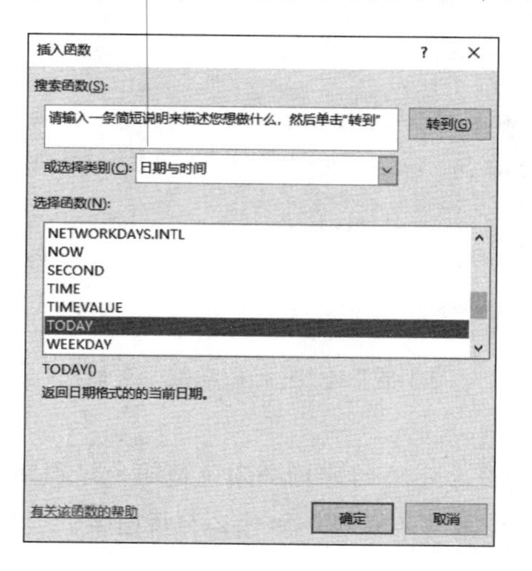

图 3-3-9　“插入函数”对话框

② 职工年龄 = 当前年份 - 出生年份。当前年份可使用 YEAR 函数获得，职工出生年份，同样使用 YEAR 函数获得，函数如图 3-3-10 所示。

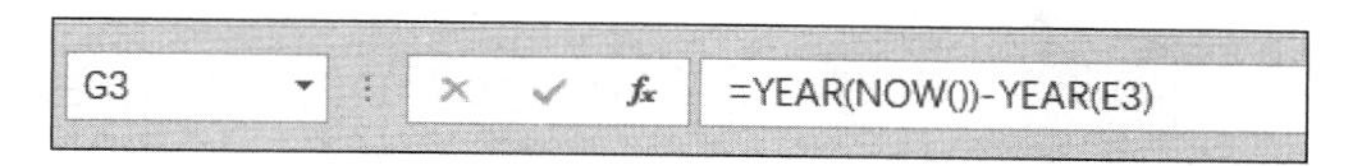

图 3-3-10 YEAR 函数示例

③ 职工工龄 = 当前年份 - 参加工作年份。第一位职工参加工作的日期在 F3 单元格，工龄在 H3 单元格，使用 DATEDIF 函数实现，如图 3-3-11、图 3-3-12 所示。

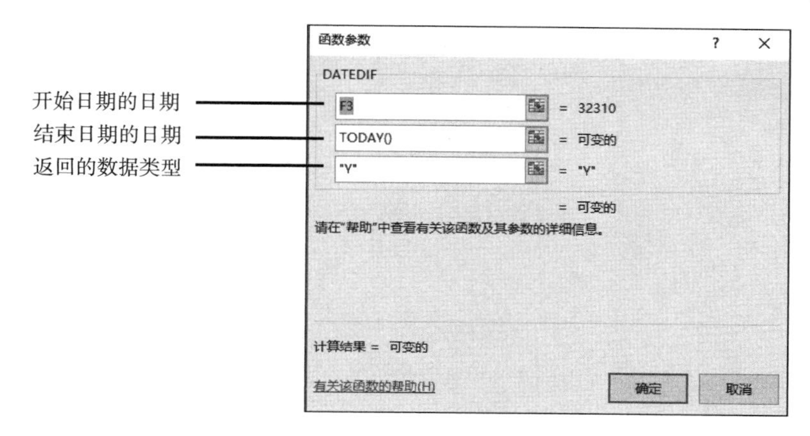

图 3-3-11 “DATEDIF 函数参数”对话框

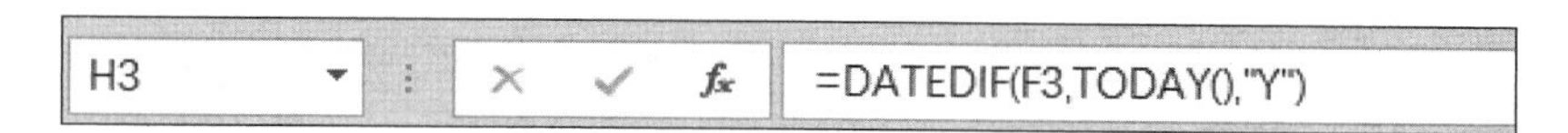

图 3-3-12 DATEDIF 函数示例

注 意：请思考这里为什么不使用“=YEAR(NOW())−YEAR(F3)”公式计算工龄。

④ 职工退休日期 = 出生日期 + 应工作时长（月数）。第一位职工的出生日期在 E3 单元格，退休日期在 I3 单元格，使用 EDATE 函数实现，如图 3-3-13、图 3-3-14 所示。

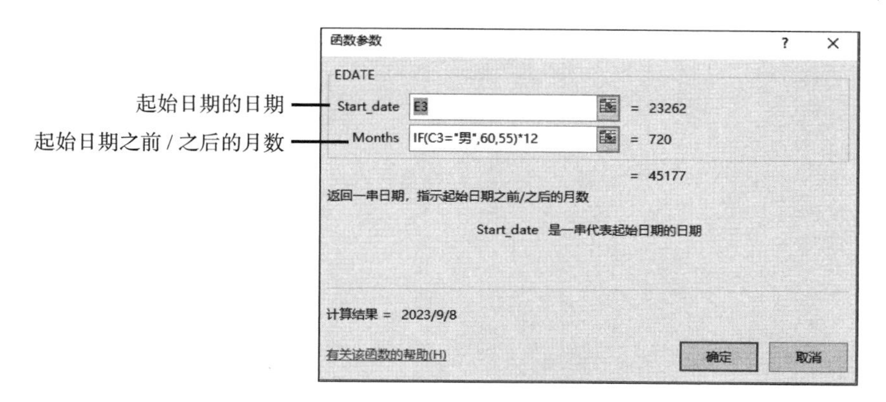

图 3-3-13 “EDATE 函数参数”对话框

这里嵌套了一个“IF(C3=" 男 ",60,55)”函数，由 IF 函数判断职工性别，计算应工作年限，如果为男职工，按 60 计算，如果为女职工，按 55 计算。

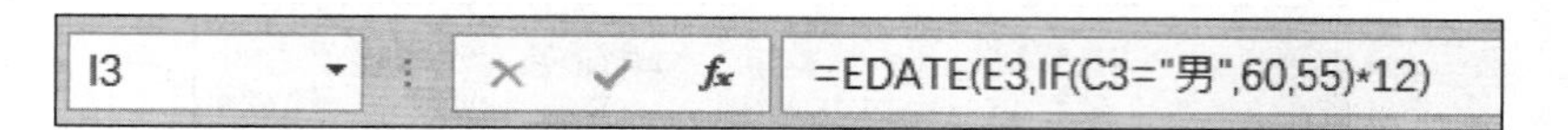

图 3-3-14　EDATE 函数示例

3．将结果以“excel3- 学号 .xlsx”文件名保存。

实验四 Excel 2016 表格的公式与函数（二）

一、实验目的

1. 掌握公式的使用方法。
2. 掌握函数的使用方法。
3. 掌握相对地址和绝对地址。
4. 掌握函数的嵌套。

二、实验内容

1. 打开素材中的 excel4.xlsx 文件，按照以下要求操作，效果样张如图 3-4-1 所示。
2. 利用公式和函数进行计算。

（1）在“复制数据表”中按样张计算学生的总分、平均分、各科平均分、各科最高分和各科最低分，隐藏行不参加运算，利用填充柄提高效率。

	A	B	C	D	E	F	G	H	I	J	K	L
1	学生成绩表											
2							调整系数	0.95				
3	学号	姓名	物理（分数）	高数（分数）	英语（分数）	语文（分数）	总分	调整总分	平均分	等第	排名	备注
4	00101	王红	98.0	88.0	95.0	90.0	371.0	352.5	92.8	优	2	录取
5	00102	张强	78.0	58.0	75.0	65.0	276.0	262.2	69.0	及格	9	不录取
7	00104	王志强	86.0	54.0	78.0	75.0	293.0	278.4	73.3	中	7	不录取
8	00105	许琴	97.0	95.0	90.0	94.0	376.0	357.2	94.0	优	1	录取
9	00106	王明	56.0	67.0	68.0	65.0	256.0	243.2	64.0	及格	10	不录取
10	00107	刘建红	78.0	66.0	78.0	70.0	292.0	277.4	73.0	中	8	录取
11	00108	洪丽丽	98.0	87.0	78.0	85.0	348.0	330.6	87.0	良	4	录取
12	00109	牛涛	78.0	99.0	88.0	88.0	353.0	335.4	88.3	良	3	录取
13	00110	张晶	76.0	87.0	85.0	80.0	328.0	311.6	82.0	良	6	录取
14	各科平均分		82.8	77.9	81.7	79.1						
15	各科最高分		98.0	99.0	95.0	94.0						
16	各科最低分		56.0	54.0	68.0	65.0						
17	所有成绩最高分	99.0										

图 3-4-1　Excel 实验四样张

操作提要

由于隐藏行不参加计算，因此计算时要注意，每次计算选择的数据区域不可包含第 6 行数据，做法是，如计算“各科平均分”，先选择 C4:C5，按住【Ctrl】键再选择 C7:C13 区域，如图 3-4-2 所示。

图 3-4-2　计算平均分样例

（2）在“复制数据表”中按样张计算“调整总分”（调整总分 = 总分 * 调整系数），计算区域 DATA 的最高分数，并将结果存放在 B17 单元格中。

操作提要

① 求“调整总分”：此处注意引用调整系数时必须使用绝对地址，即调整系数值是不变的。以第 1 位同学的“调整总分”计算公式为例，如图 3-4-3 所示。

图 3-4-3　绝对地址示例

② 利用区域计算：使用区域名称来实现，即函数通过区域名指明数据区域进行计算，公式如图 3-4-4 所示。

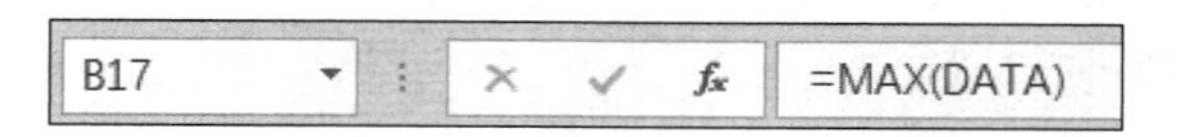

图 3-4-4　区域计算示例

（3）在“复制数据表”中，按样张计算学生等第，平均分 >=90，则为“优”；80=< 平均分 <90，则为“良”；70=< 平均分 <80，则为“中”；60=< 平均分 <70，则为“及格”；平均分 <60，则为“不及格”。

操作提要

通过嵌套 IF 语句实现，公式如图 3-4-5 所示。

J4　=IF(I4>=90,"优",IF(I4>=80,"良",IF(I4>=70,"中",IF(I4>=60,"及格","不及格"))))

	A	B	C	D	E	F	G	H	I	J	K
1	学生成绩表										
2							调整系数	0.95			
3	学号	姓名	物理（分数）	高数（分数）	英语（分数）	语文（分数）	总分	调整总分	平均分	等第	排名
4	00101	王红	98	88	95	90	371.0	352.5	93	优	
5	00102	张强	78	58	75	65	276.0	262.2	69	及格	

图 3-4-5　嵌套 IF 条件函数使用示例

（4）在“复制数据表”中按样张根据“调整总分”统计学生排名，参照样张，结果以“数据条”格式显示。

操作提要

① 排名统计，使用 RANK 函数对 H 列“调整总分”进行统计，结果在 K 列，公式如图 3-4-6 所示。

图 3-4-6 RANK 函数示例

② “数据条”格式是条件格式显示的一种，因此要使用“开始”|“样式”|“条件格式”中的“数据条”选项，选择“渐变填充”|“蓝色数据条”，如图 3-4-7 所示。此处注意要先选中 K4:K13 区域。

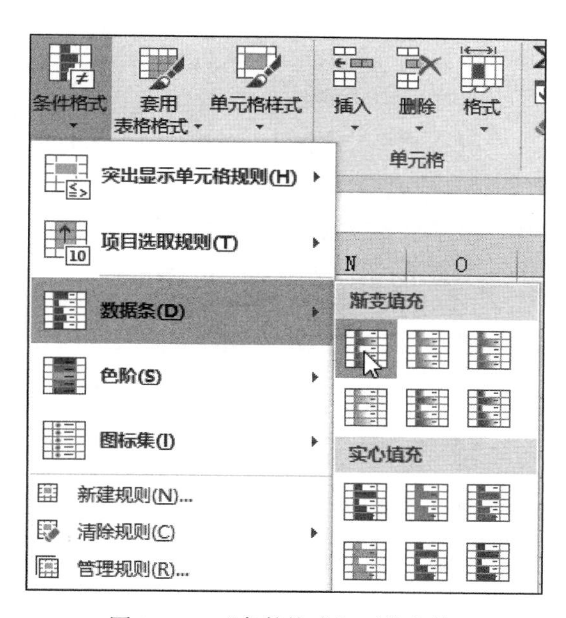

图 3-4-7 “条件格式”下拉菜单

注　意：此处对排序统计范围值引用的是绝对地址，即确保这些值不发生改变。

（5）在“复制数据表”中，将 L 列设为“备注”列，L3 为列名。备注内容为学生录取情况，条件是全部及格为录取，否则为不录取。

操作提要

此题目公式可有多种方法，图 3-4-8 给出的是其中一种方法，即先用 MIN 找出学生各科最低分，再用 IF 进行判断。

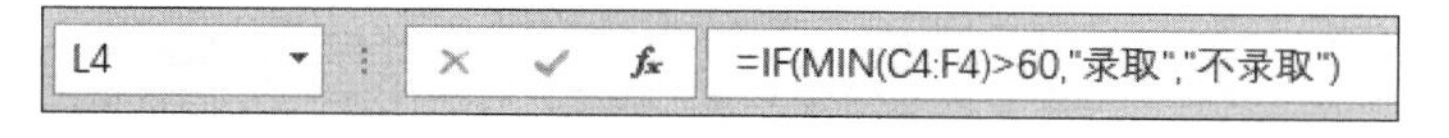

图 3-4-8 函数嵌套示例

（6）在 G14 单元格插入一个柱形迷你图，显示四门课程的平均成绩。

操作提要

选中 G14 单元格，单击“插入”|“迷你图”|“柱形图”选项，在“数据范围”中输入 C14:F14，此时图的插入位置根据前面选中的单元格自动给出，如图 3-4-9 所示。

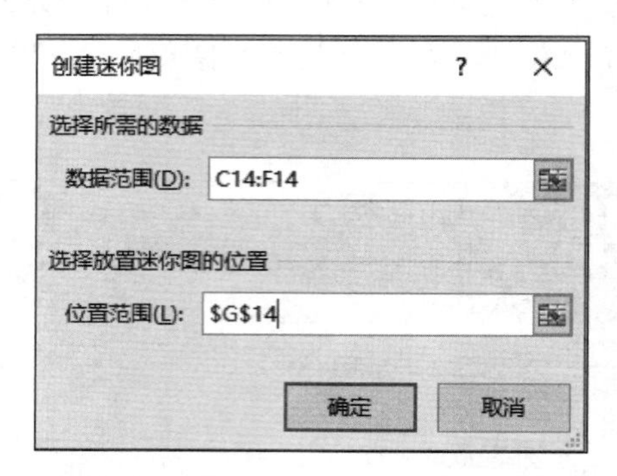

图 3-4-9 “创建迷你图”对话框

（7）参照样张，将所有数据保留一位小数，全部居中，除标题外全部文字大小为 9 磅，表格边框外粗内细（第一行下画线为粗线），设置合适的列宽和行高。

操作提要

注意此处表格边框的绘制类型和顺序。

3. 将结果以“excel4- 学号 .xlsx”文件名保存。

实验五 Excel 2016 表格的数据管理（一）

一、实验目的

1. 掌握数据的排序设置。
2. 掌握数据的筛选制作。
3. 掌握数据分类汇总的制作。
4. 掌握数据透视表的制作。

二、实验内容

1. 打开素材中的 excel5.xlsx 文件，按照以下要求操作，效果样张如图 3-5-1 所示。

G3 =SUM(E3:F3)

	A	B	C	D	E	F	G
1	部分员工工资一览表						
2	部门	姓名	性别	主管地区	基本工资	岗位津贴	应发工资
3	采购部	于佳伟	男	华南	4950	3640	8590
4	采购部	黄毅	男	华东	4654	3670	8324
5	采购部	徐丽艳	女	华南	4942	3740	8682
6	采购部	董丽娟	女	华中	4885	3640	8525
7	销售部	王小明	男	华南	4891	3670	8561
8	销售部	李小娜	女	华南	4620	3740	8360
9	销售部	李敏	女	华东	4642	3700	8342
10	售后服务	孟伟	男	华南	4740	3700	8440
11	售后服务	唐思雨	女	华东	4923	3740	8663
12	售后服务	赵昕	女	华东	4959	3700	8659
13	售后服务	马芷薇	女	华北	4809	3700	8509
14	维修部	赵林	男	华中	4852	3670	8522
15	维修部	张贵山	男	华北	4774	3700	8474
16	维修部	曹红梅	女	华北	4720	3740	8460

（a）样张 1

	A	B	C	D	E	F	G
1	部分员工工资一览表						
2	部门	姓名	性别	主管地区	基本工资	岗位津贴	应发工资
3	采购部	于佳伟	男	华南	4950	3640	8590
5	采购部	徐丽艳	女	华南	4942	3740	8682
6	采购部	董丽娟	女	华中	4885	3640	8525
14	维修部	赵林	男	华中	4852	3670	8522

（b）样张 2

图 3-5-1 Excel 实验五

	J	K	L	M	N	O	P
2	部门	性别	应发工资				
3	采购部						
4		女	>8500				
5							
6	部门	姓名	性别	主管地区	基本工资	岗位津贴	应发工资
7	采购部	于佳伟	男	华南	4950	3640	8590
8	采购部	黄毅	男	华东	4654	3670	8324
9	采购部	徐丽艳	女	华南	4942	3740	8682
10	采购部	董丽娟	女	华中	4885	3640	8525
11	售后服务	唐思雨	女	华东	4923	3740	8663
12	售后服务	赵昕	女	华东	4959	3700	8659
13	售后服务	马芷薇	女	华北	4809	3700	8509

（c）样张 3

	A	B	C	D	E	F	G	H
1		部分员工工资一览表						
2		部门	姓名	性别	主管地区	基本工资	岗位津贴	应发工资
3		采购部	徐丽艳	女	华南	4942	3740	8682
4		采购部	于佳伟	男	华南	4950	3640	8590
5		采购部	董丽娟	女	华中	4885	3640	8525
6		采购部	黄毅	男	华东	4654	3670	8324
7	采购部 计数	4						
8		采购部 平均值				4857.75		8530.25
9		售后服务	唐思雨	女	华东	4923	3740	8663
10		售后服务	赵昕	女	华东	4959	3700	8659
11		售后服务	马芷薇	女	华北	4809	3700	8509
12		售后服务	孟伟	男	华南	4740	3700	8440
13	售后服务 计数	4						
14		售后服务 平均值				4857.75		8567.75
15		维修部	赵林	男	华中	4852	3670	8522
16		维修部	张贵山	男	华北	4774	3700	8474
17		维修部	曹红梅	女	华北	4720	3740	8460
18	维修部 计数	3						
19		维修部 平均值				4782.00		8485.33
20		销售部	王小明	男	华南	4891	3670	8561
21		销售部	李小娜	女	华南	4620	3740	8360
22		销售部	李敏	女	华东	4642	3700	8342
23	销售部 计数	3						
24		销售部 平均值				4717.67		8421.00
25	总计数	17						
26		总计平均值				4811.50		8507.93

（d）样张 4

18		列标签					
19		平均值项:基本工资		求和项:应发工资		平均值项:基本工资汇总	求和项:应发工资汇总
20	行标签	男	女	男	女		
21	采购部	¥4,802.00	¥4,913.50	¥16,914.00	¥17,207.00	¥4,857.75	¥34,121.00
22	销售部	¥4,891.00	¥4,631.00	¥8,561.00	¥16,702.00	¥4,717.67	¥25,263.00
23	售后服务	¥4,740.00	¥4,897.00	¥8,440.00	¥25,831.00	¥4,857.75	¥34,271.00
24	维修部	¥4,813.00	¥4,720.00	¥16,996.00	¥8,460.00	¥4,782.00	¥25,456.00

（e）样张 5

图 3-5-1　Excel 实验五（续）

2．排序。

使用公式计算员工的应发工资，再将部门按“采购部、销售部、售后服务、维修部”的顺序排列，同时对同一部门按性别升序、应发工资降序排列。

① 应发工资＝基本工资＋岗位津贴。

② 排序：排序时，需选中所有数据区域（A2:G16），单击“数据”|“排序和筛选”|“排序”按钮，然后设置排序参数，如图 3-5-2 所示。

图 3-5-2 “排序”对话框

③ 自定义的序列设置如图 3-5-3 所示。

图 3-5-3 “自定义序列”对话框

注 意：此处可观察选择排序数据区域时，标题行选择与否的区别。

3．筛选。

（1）复制 Sheet1 工作表，新工作表命名为“筛选”，在当前工作表中筛选出采购部和维修部中应发工资高于平均值的员工。

操作提要

选中 A2:G16 区域，单击“数据”|“排序和筛选”|“筛选”按钮，数据标题行（第 2 行）每列右侧将出现筛选按钮。在“部门”列单击筛选按钮后，筛选条件设置如图 3-5-4 所示；然后在“应发工资”列使用“数字筛选”找出“高于平均值”的员工，如图 3-5-5 所示。

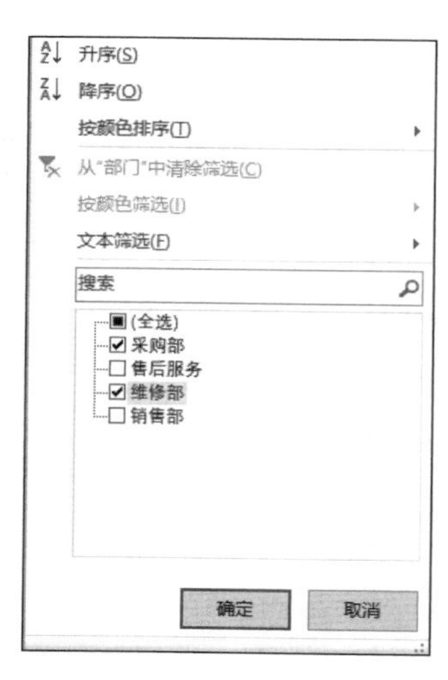

图 3-5-4 “部分”筛选示例

图 3-5-5 “应发工资”筛选示例

（2）复制“筛选”工作表，将复制的新工作表重命名为“高级筛选”，筛选出采购部所有员工和女性且应发工资大于 8 500 元的员工信息，筛选结果另外放在 J6 起始的单元格。

操作提要

① 复制的新工作表是带有筛选的，要取消筛选后显示全部数据才能进行后续操作。选中工作表后，单击“数据”|“排序和筛选”|“筛选”按钮，即可取消所有筛选。

② 高级筛选与普通筛选功能不同，它通过给定的筛选条件一次性筛选出结果，筛选条件制定如图 3-5-6 所示，注意在条件区域中，同时满足的两个条件要写在同一行（即“与”关系），两个条件只要满足一个的要写在不同行（即“或”关系）。

③ 高级筛选设置：单击“数据”|“排序和筛选”|“高级”按钮，在弹出的对话框中设置，如图 3-5-7 所示。

J	K	L
部门	性别	应发工资
采购部		
	女	>8500

图 3-5-6 “高级筛选”条件

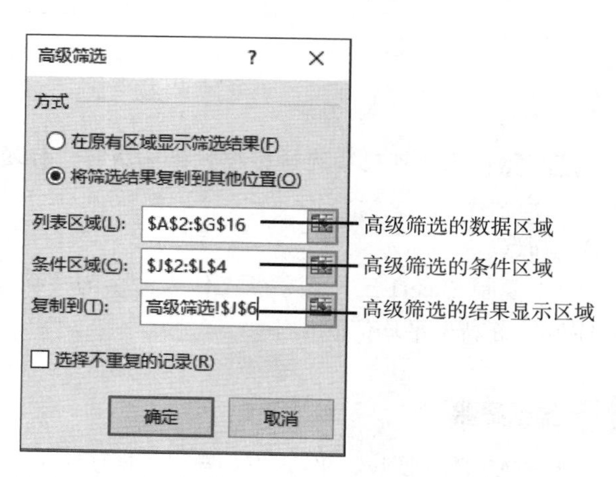

图 3-5-7 “高级筛选”对话框

4．分类汇总。

复制 Sheet1 工作表，将复制的新工作表重命名为“分类汇总”，在新工作表中按“部门”汇总出基本工资、应发工资的平均值及各部门的职工人数，平均值保留两位小数。

操作提要

① 注意分类汇总前一定要先按“部门”进行排序，即将所有数据行按“部门”分类。如图 3-5-8 所示，此例按“部门”升序，“应发工资”降序排列。

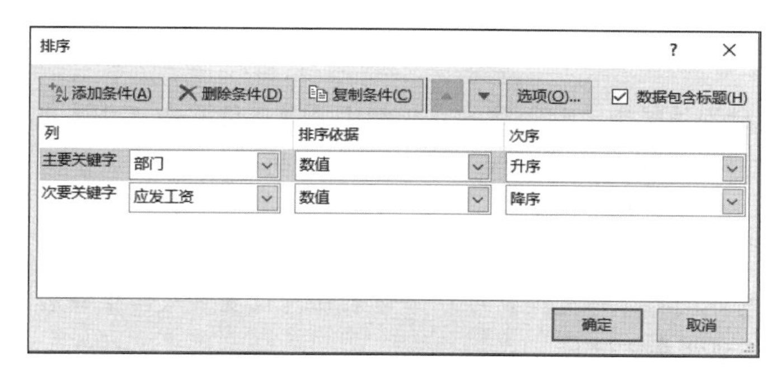

图 3-5-8 “排序”对话框

② 选中排好序的所有数据，单击“数据”|“分级显示”|“分类汇总”按钮，先按“部门”进行“平均值”汇总，参数设置如图 3-5-9 所示；然后再进入“分类汇总”功能，对“部门”进行“计数”汇总，参数设置如图 3-5-10 所示，此处注意，必须取消“替换当前分类汇总”复选框的勾选。

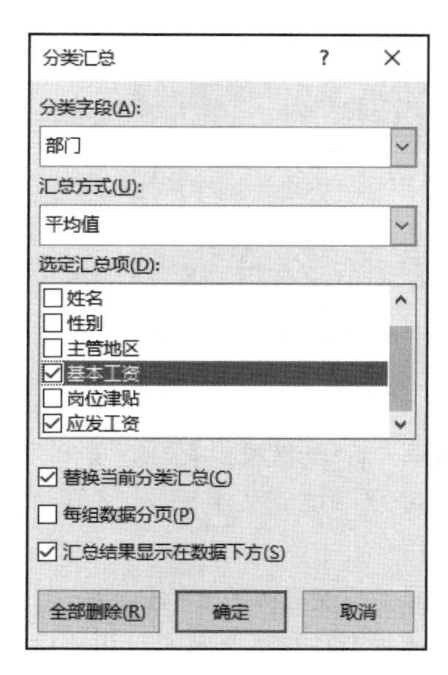

图 3-5-9 “基本工资”和“应发工资”平均值汇总

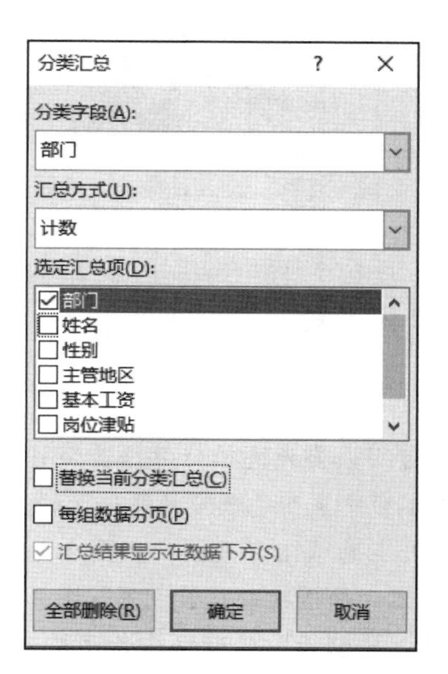

图 3-5-10 “部门”计数汇总

注　意：在数据表左侧有数据折叠按钮−，单击折叠按钮即可隐藏明细数据（−按钮变成+按钮），反之则显示明细数据，如要删除分类汇总，可单击“分类汇总”对话框中的“全部删除”按钮。

5．数据透视表。

复制 Sheet1 工作表，将复制的新工作表重命名为“透视表”，在 A18:G24 区域中生成数据透视表，并参照样张 5 调整“透视表”的布局和其中的数据格式。

操作提要

① 透视表也是数据筛选查看的一种方式，相比普通筛选和高级筛选更注重数据查看的方式，同时对筛选条件的修改也更方便，也可组合更复杂的筛选条件。

② 透视表生成时要注意几个方面：

➢ 数据区域要包含数据标题行，本例为当前工作表的 A2:G16 区域。

➢ 透视表的位置可调整，即透视表可在工作表任意位置生成，生成后可根据题目要求调整透视表大小，并移动到要求位置。

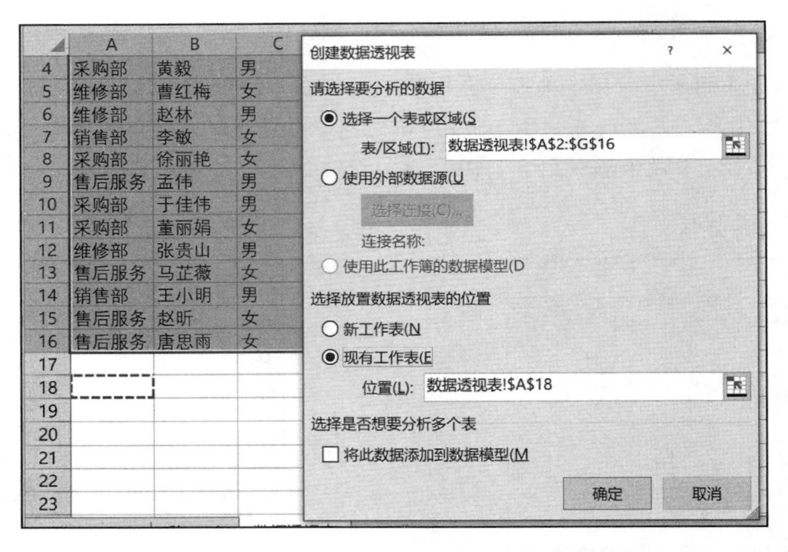

图 3-5-11　“创建数据透视表”对话框

➢ 透视表要先选择好数据区域再单击“插入”|“表格”|“数据透视表”选项，“表 / 区域”文本框中表明已选中的数据区域；透视表放置位置要选择“现有工作表”，并在“位置”文本框处点选 A18 单元格，如图 3-5-11 所示。

③ 本例的透视表参数设置如图 3-5-12 所示；数值计算类型设置如图 3-5-13 所示。

④ “透视表”的数据格式设置与普通单元格类似，选中 B21:G24 区域后，用右键快捷菜单中的“设置单元格格式”命令设置即可。

⑤ 将光标停留在数据透视表中任意位置，选择“数据透视表工具 / 设计”|“布局”|“总计”|“仅对行启用”命令，可取消下方的汇总。

⑥ 使用“设置单元格格式”对话框“对齐”选项卡中的“自动换行”复选框配合调整列宽和行高，可实现对单元格显示文字的设置。

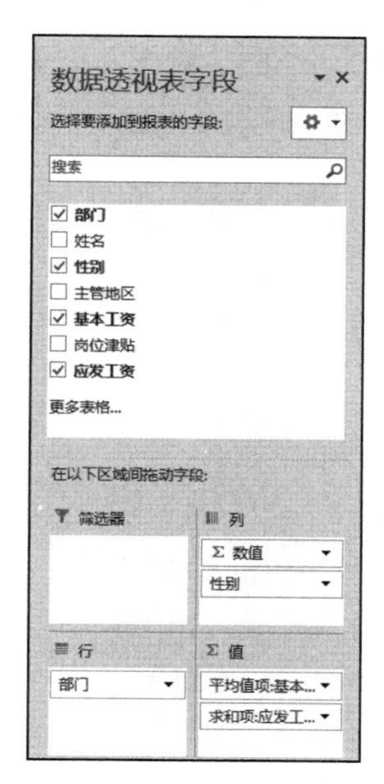

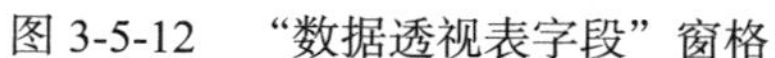
图 3-5-12 “数据透视表字段”窗格

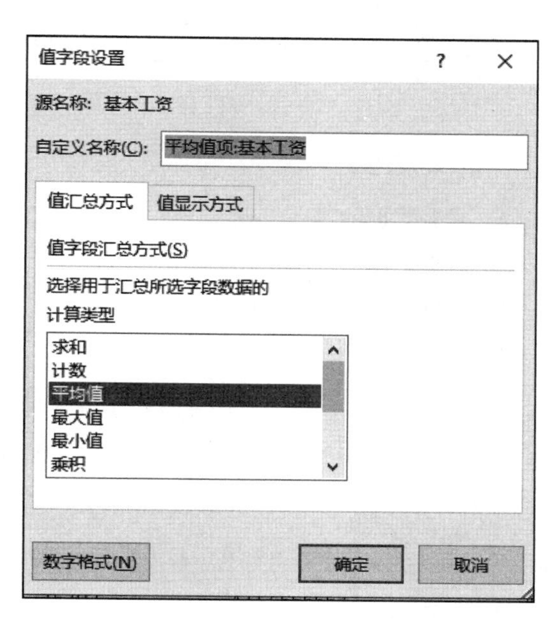

图 3-5-13 “值字段设置”对话框

6．将结果以“excel5- 学号 .xlsx”文件名保存。

实验六　Excel 2016 表格的数据管理（二）

一、实验目的

1. 掌握数据的排序设置。
2. 掌握数据的筛选制作。
3. 掌握数据分类汇总的制作。
4. 掌握数据透视表的制作。

二、实验内容

1. 打开素材中的 excel6.xlsx 文件，按照以下要求操作，效果样张如图 3-6-1 所示。

	A	B	C	D	E	F	G
1	新生入学体检指标报告						
2	姓名	学院	性别	身高（厘米	体重（公斤	心率（次/	视力
3	赵平	信息	男	172	78	72	1.1
4	林小玲	信息	女	160	45	76	1.5
5	顾晓英	信息	女	159	58	78	1.2
6	凌丽姿	信息	女	156	50	74	0.9
7	胡明	财经	男	174	75	70	0.9
8	张苗苗	财经	女	163	50	65	1.4
9	于丽珍	财经	女	162	63	68	0.5
10	宋佳慧	财经	女	159	48	70	1.3
11	黄志强	外语	男	183	59	80	1.1
12	王义伟	外语	男	180	66	67	1.3
13	张建伟	外语	男	180	70	74	1.5
14	宋巧珍	外语	女	164	55	85	0.8
15	张婷秀	外语	女	157	57	75	0.6
16	顾昊	管理	男	183	66	65	0.7
17	李逸伟	管理	男	178	65	64	1.2
18	徐毅君	管理	男	172	78	69	1.3
19	孙琳	管理	女	172	60	76	0.7
20	赵英乔	管理	女	163	51	80	1.5

（a）样张 1

	A	B	C	D	E	F	G
1	新生入学体检指标报告						
2	姓名	学院	性别	身高（厘	体重（公	心率（次	视力
4	张苗苗	财经	女	163	50	65	1.4
5	王义伟	外语	男	180	66	67	1.3
6	胡明	财经	男	174	75	70	0.9
8	于丽珍	财经	女	162	63	68	0.5
9	宋巧珍	外语	女	164	55	85	0.8
16	张建伟	外语	男	180	70	74	1.5

（b）样张 2

I	J	K	L	M	N	O
学院	性别	身高（厘米）				
外语	男	>=180				
信息	女	>=160				
管理	女					
姓名	学院	性别	身高（厘米	体重（公斤	心率（次/	视力
王义伟	外语	男	180	66	67	1.3
孙琳	管理	女	172	60	76	0.7
赵英乔	管理	女	163	51	80	1.5
林小玲	信息	女	160	45	76	1.5
张建伟	外语	男	180	70	74	1.5
黄志强	外语	男	183	59	80	1.1

（c）样张 3

图 3-6-1　Excel 实验六

	A	B	C	D	E	F	G
1	新生入学体检指标报告						
2	姓名	学院	性别	身高（厘	体重（公	心率（次/	视力
3	赵平	信息	男	172	78	72	1.1
4	凌丽姿	信息	女	156	50	74	0.9
5	林小玲	信息	女	160	45	76	1.5
6	顾晓英	信息	女	159	58	78	1.2
7	**信息 计数**	4					
8		**信息 平均值**		161.75	57.75		
9	张苗苗	财经	女	163	50	65	1.4
10	胡明	财经	男	174	75	70	0.9
11	于丽珍	财经	女	162	63	68	0.5
12	宋佳慧	财经	女	159	48	70	1.3
13	**财经 计数**	4					
14		**财经 平均值**		164.50	59.00		
15	张婷秀	外语	女	157	57	75	0.6
16	王义伟	外语	男	180	66	67	1.3
17	宋巧珍	外语	女	164	55	85	0.8
18	张建伟	外语	男	180	70	74	1.5
19	黄志强	外语	男	183	59	80	1.1
20	**外语 计数**	5					
21		**外语 平均值**		172.80	61.40		
22	孙琳	管理	女	172	60	76	0.7
23	赵英乔	管理	女	163	51	80	1.5
24	顾昊	管理	男	183	66	65	0.7
25	李逸伟	管理	男	178	65	64	1.2
26	徐毅君	管理	男	172	78	69	1.3
27	**管理 计数**	5					
28		**管理 平均值**		173.60	64.00		
29	**总计数**	21					
30		**总计平均值**		168.72	60.78		

（d）样张 4

22	**平均身高（厘米）**	**列标签**		
23	**行标签**	**男**	**女**	**总计**
24	**信息**	172.00	158.33	161.75
25	**财经**	174.00	161.33	164.50
26	**外语**	181.00	160.50	172.80
27	**管理**	177.67	167.50	173.60
28	**总计**	**177.75**	**161.50**	**168.72**

（e）样张 5

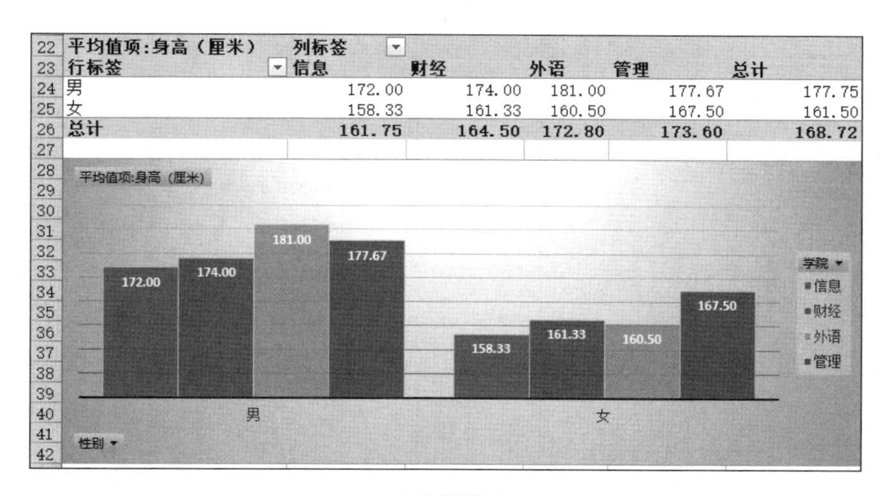

22	**平均值项:身高（厘米）**	**列标签**				
23	**行标签**	**信息**	**财经**	**外语**	**管理**	**总计**
24	男	172.00	174.00	181.00	177.67	177.75
25	女	158.33	161.33	160.50	167.50	161.50
26	**总计**	**161.75**	**164.50**	**172.80**	**173.60**	**168.72**

（f）样张 6

图 3-6-1 Excel 实验六（续）

2．排序。

复制“新生体检数据”表，将新工作表命名为“排序”，将学院按“信息、财经、外语、管理”序列排列，同一学院按性别升序和身高降序排列。

操作提要

选中 A2:G20 区域，“排序”设置如图 3-6-2 所示。

图 3-6-2　“排序”对话框

3．筛选。

（1）复制“新生体检数据”工作表，将新工作表命名为“筛选”，筛选出学院为财经和外语，身高为 160~180 厘米之间的记录（包括 160 厘米和 180 厘米）。

操作提要

注意，本处筛选的“学院”有 2 个选项，如图 3-6-3 所示；另外，筛选的身高条件是区间值，所以应使用数值“介于”功能，如图 3-6-4 所示。

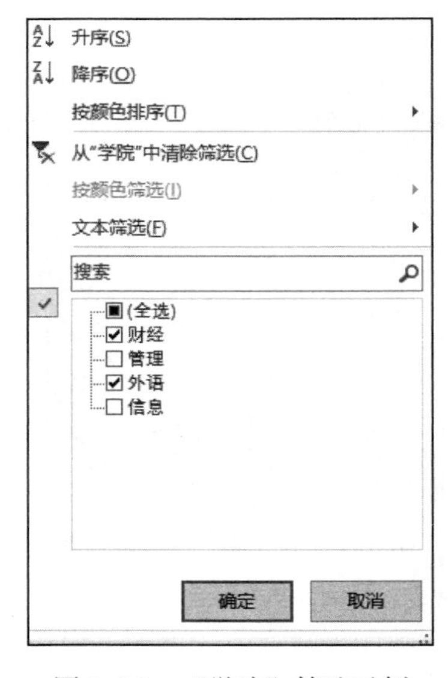

图 3-6-3　“学院”筛选示例

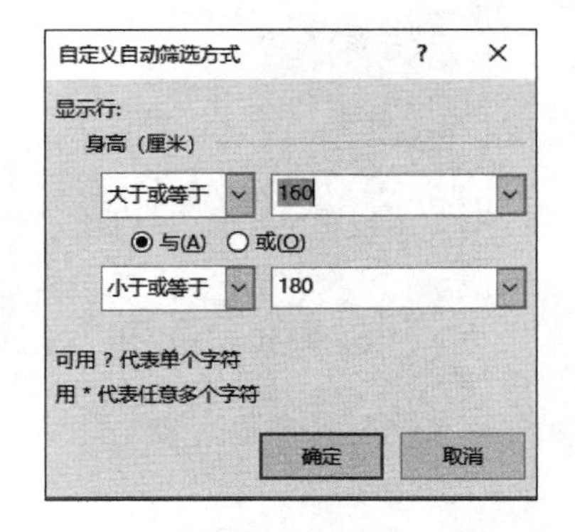

图 3-6-4　“自定义自动筛选方式”对话框

（2）复制“新生体检数据”工作表，将新工作表命名为“高级筛选”，筛选出外语学院身高 >=180 厘米的男生、信息学院身高 >=160 厘米的女生和管理学院所有女生，筛选出的结果放在 I7 起始的单元格中。

① 制定的高级筛选条件如图 3-6-5 所示。

I	J	K	L
学院	性别	身高（厘米）	
外语	男	>=180	
信息	女	>=160	
管理	女		

图 3-6-5　高级筛选条件

② 设置高级筛选相关参数，数据区域、条件区域和存放起始位置等如图 3-6-6 所示。

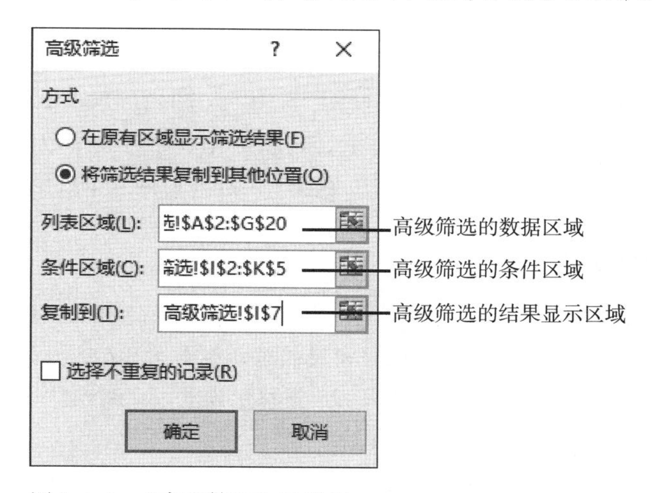

图 3-6-6　“高级筛选”对话框

4．分类汇总。

复制“新生体检数据”工作表，将新工作表命名为“分类汇总”，在此工作表中按“学院”（学院序列参照样张 4）汇总出身高、体重的平均值及各学院的人数，所有汇总出的平均值保留二位小数。

操作提要

① 按“学院”自定义排序。

② “平均值”计算汇总设置如图 3-6-7 所示，“计数”汇总设置如图 3-6-8 所示，注意第二次汇总（即“计数”汇总时要取消“替换当前分类汇总”复选框的勾选）。

③ 汇总完成后，再对所有“平均值”行的数据调整小数位数。

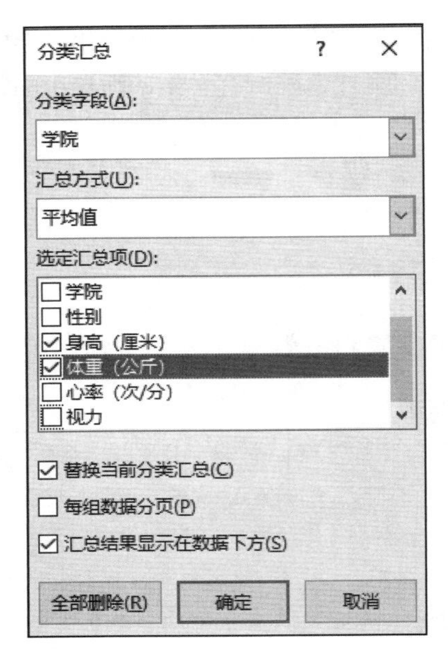

图 3-6-7 “身高”和“体重”平均值汇总

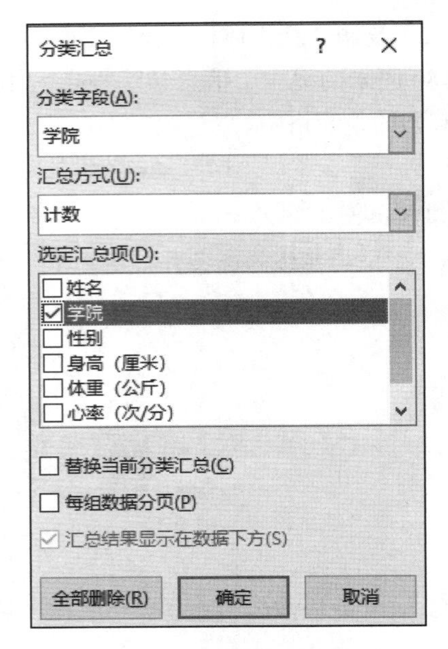

图 3-6-8 “学院”计数汇总

5．数据透视表。

复制“新生体检数据”工作表，将新工作表命名为“数据透视表”，在 A22:D28 区域中生成数据透视表，所有数据保留二位小数，设置外粗内双细线的边框。

操作提要

① 透视表的创建，也可以先选中 A22 单元格（透视表放置起始位置），再单击“插入”|“表格”|“数据透视表”按钮，此时出现的对话框如图 3-6-9（a）所示，然后再选择 A2:G20 区域。

② 在弹出的“数据透视表字段”窗格中设置，注意“行”“列”“值”的设置，如图 3-6-9（b）所示。

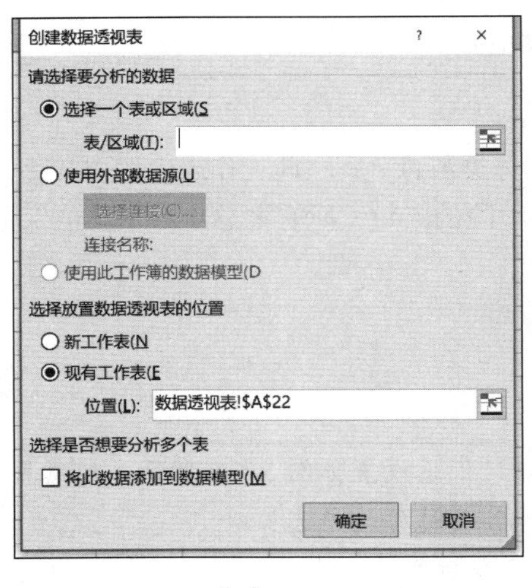

（a）

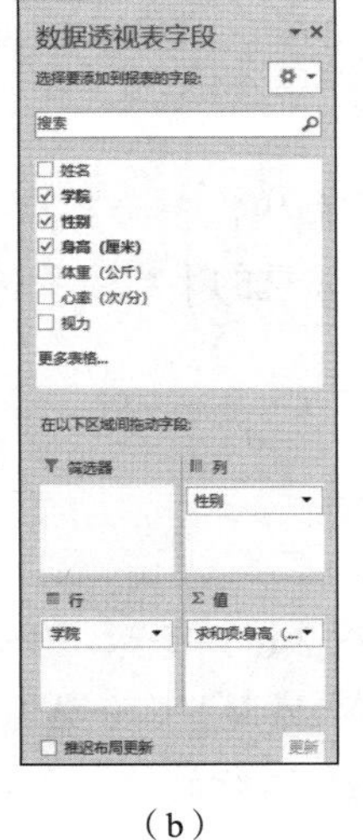

（b）

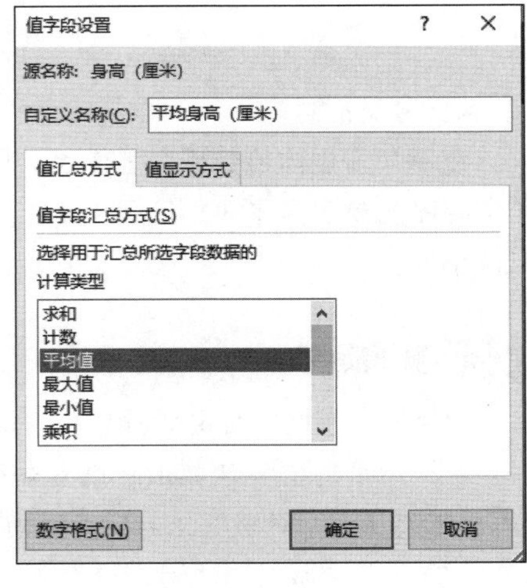

（c）

图 3-6-9 数据透视表的创建与设置

③ 在透视表中选中数据区域（B24:D28），在“开始”|“数字”组中，设置保留两位小数。

④ 选中 A22:D28 区域，右击，在弹出的快捷菜单中选择“设置单元格格式”命令，在弹出的对话框中选择“边框”选项卡，设置外粗内双细线的边框。

⑤ 适当调整列宽。

6. 数据透视图。

复制“新生体检数据”工作表，将新工作表命名为“数据透视图”，将数据透视表和数据透视图放在 A22 开始的单元格区域中，分析不同学院学生身高平均值的差别情况，数据透视图采用“样式 4”的格式。

操作提要

① 将光标定位在“数据透视图”表中任意位置，单击“插入”|“图表”|“数据透视图”按钮，进行设置：当前工作表的 A2:G20 区域为数据区域，当前工作表的 A22 单元格为透视图生成的起始位置。

② 数据透视图字段设置如图 3-6-10 所示。

③ 选中数据透视表的 B24:F26 区域，在“开始”|“数字”组中，设置保留两位小数。

④ 将数据透视图放置在 A28:F42 区域中。

⑤ 选中数据透视图，在“数据透视图工具/设计”|“图表样式”组中选择“样式 4”，如图 3-6-11 所示。

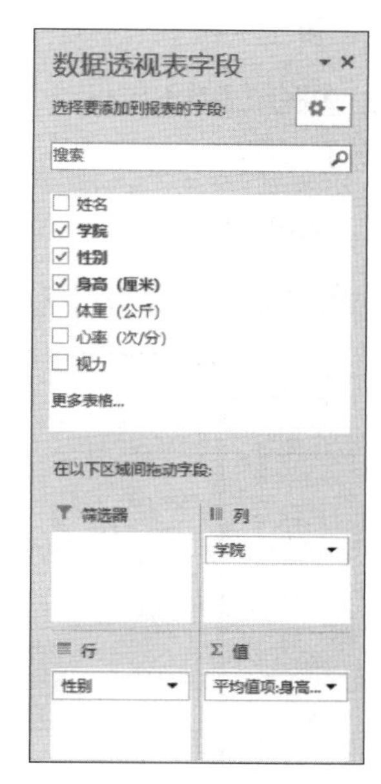

图 3-6-10 “数据透视表字段”窗格

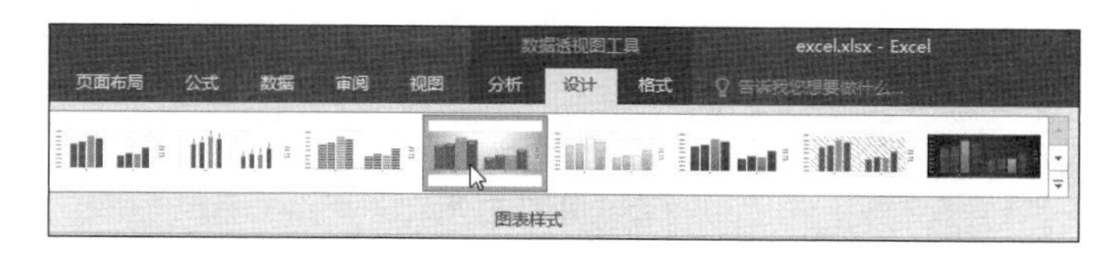

图 3-6-11 数据透视图样式

7. 将结果以“excel6- 学号 .xlsx”文件名保存。

实验七　Excel 2016 表格的图表（一）

一、实验目的

1. 掌握图表的创建。
2. 掌握图表的编辑。

二、实验内容

1. 打开素材中的 excel7.xlsx 文件，按照以下要求操作，效果样张如图 3-7-1 所示。

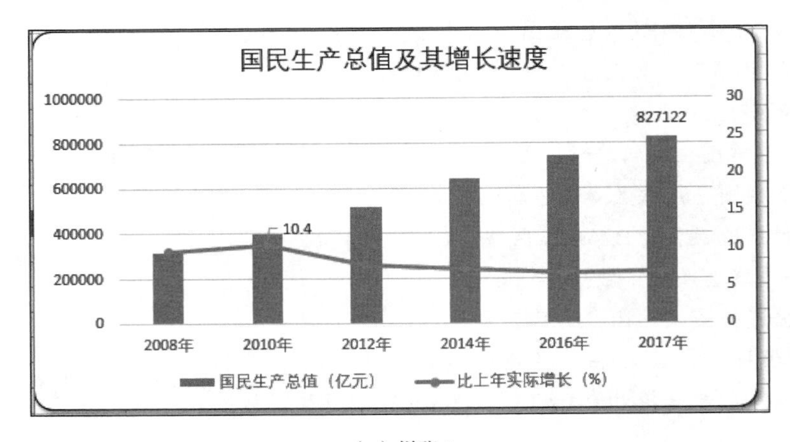

（a）样张 1

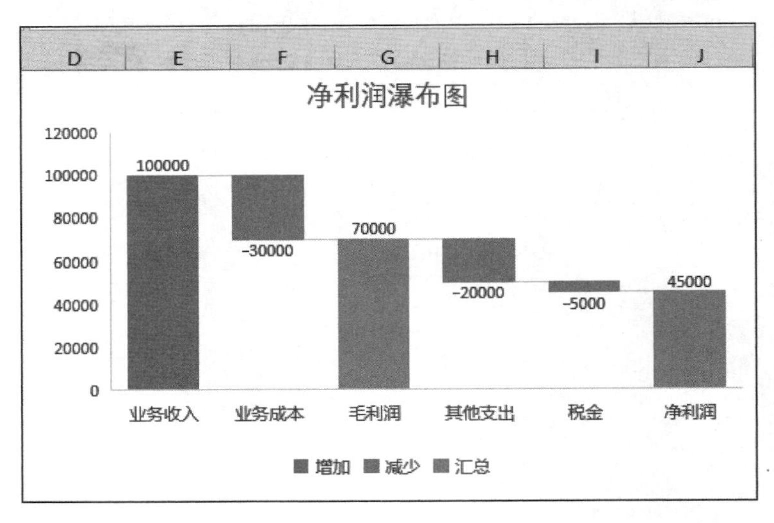

（b）样张 2

图 3-7-1　Excel 实验七

2．制作组合图。

对在 Sheet1 表中的 E2:K17 区域创建图表，（柱形图、折线图组合图表），格式参照样张。

操作提要

① 图表的创建以工作表中的数据为基础，本题从样张可看出只有 2008 年、2010 年、2012 年、2014 年、2016 年、2017 年的数据，所以图表的原始数据区只选中部分数据（即多行，非连续数据，为 A2:C2、A4:C4、A6:C6、A8:C8、A10:C10、A12:C13 区域），创建的图表为“柱形图”|“二维柱形图”中的“簇状柱形图”，如图 3-7-2 所示。

② 将光标放在已生成的柱形图区域，右击打开快捷菜单，选择“更改图表类型”命令，在“所有图表”中选择“组合”选项，将“比上年实际增长”的图表类型设置为“带标记的堆积折线图”，勾选“次坐标轴”复选框，如图 3-7-3 所示。

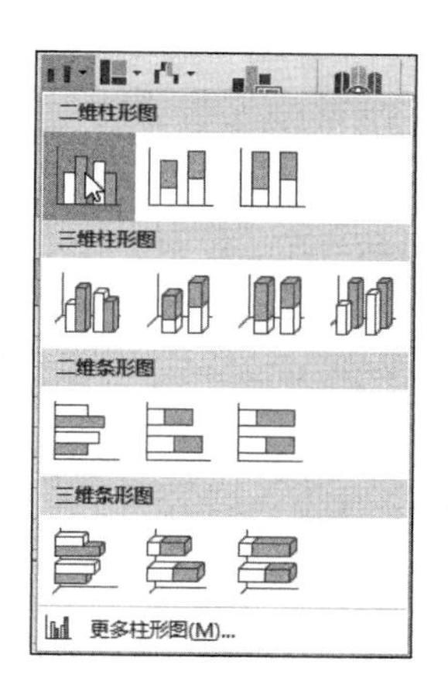

图 3-7-2　簇状柱形图

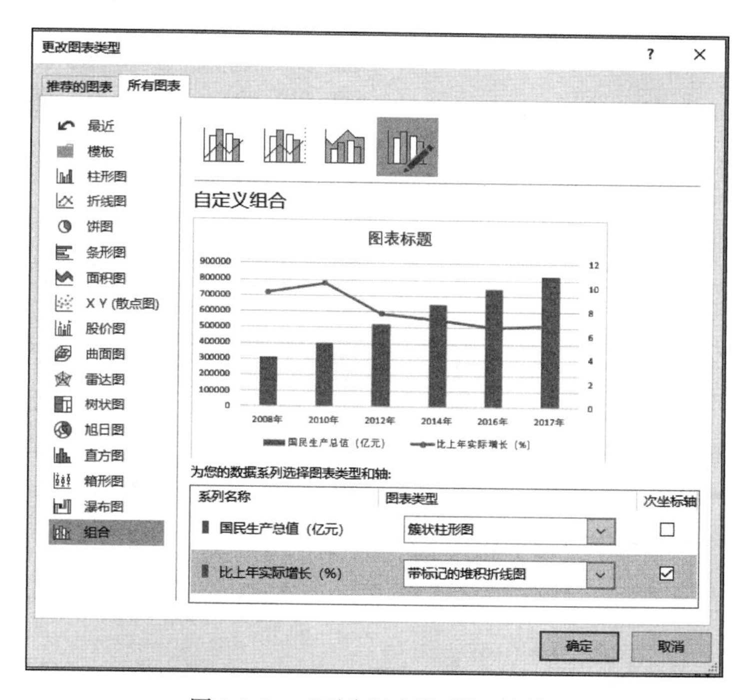

图 3-7-3　“更改图表类型”对话框

③ 双击右竖坐标轴，在弹出的“设置坐标轴格式”对话框中将“最大值”改为 30。

④ 将图表移动到 E2:K17 区域，拖动四边，适当调整大小。

3．编辑组合图。

（1）给图表添加“国民生产总值及其增长速度”图表标题，形状样式选择“透明 - 黑色，深色 1”。

（2）显示出图表中数据最大值。

（3）按照样张对图表添加边框和阴影。

操作提要

① 图表的每个元素都能单独编辑，第一种方法，选中整个图表，通过工具栏“图表工具”设置；第二种方法，双击或选中图表任意部分，在快捷菜单中设置。

② 图表标题：选中输入的标题，在“图表工具/格式”|“形状样式”组中的样式库中选择“预设”中的“透明-黑色，深色1”，如图3-7-4所示。

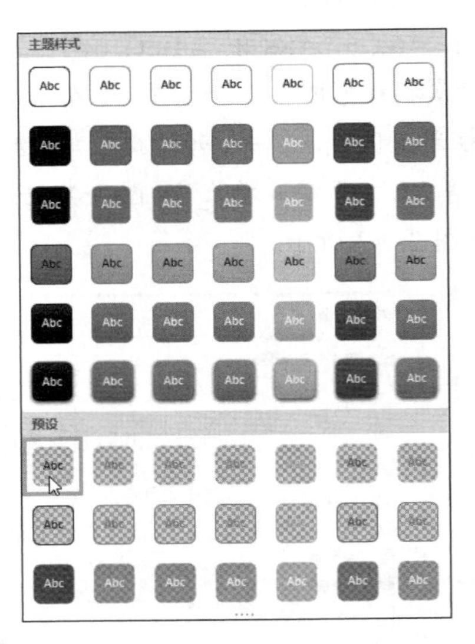

图3-7-4　“形状样式”下拉列表

③ 数据标签：选中数据轴（所有蓝色柱形），右击打开快捷菜单，在“设置数据标签格式”窗格中勾选“值”复选框可显示各数据项的最大数值；也可单击任一蓝色柱形，右击打开快捷菜单，选择“添加数据标签”命令，可显示任一数据项的最大值，如图3-7-5所示，折线图最大值显示操作相同。

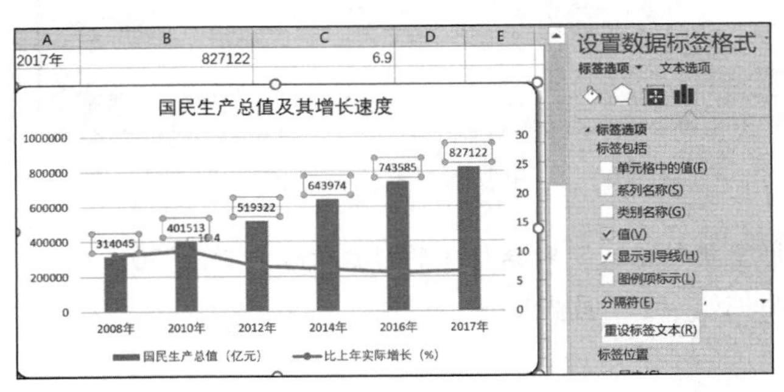

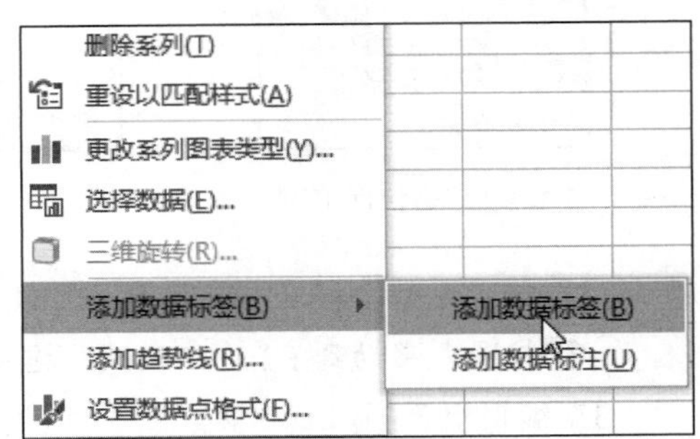

图3-7-5　添加数据标签

④ 图表样式：选中图表，右击打开快捷菜单，选择“设置图表区域格式”命令，在“设置图表区格式”窗格中设置：边框1磅，实线，圆角，阴影：右下角偏移，如图3-7-6和图3-7-7所示。

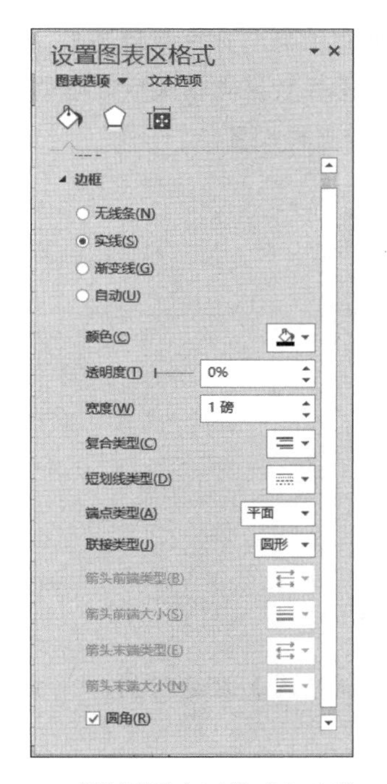

图 3-7-6 “设置图表区格式”窗格 - 边框

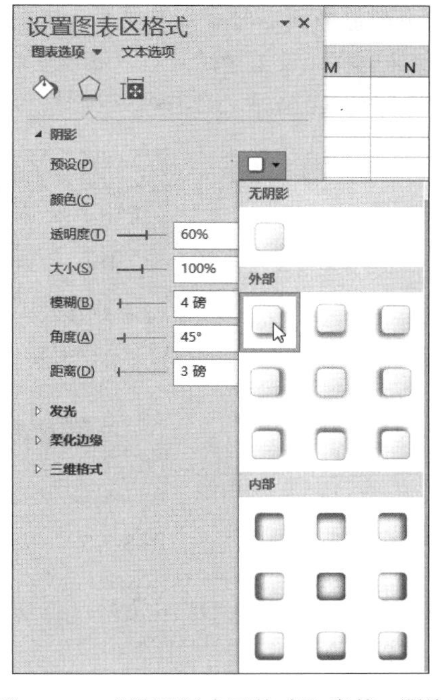

图 3-7-7 “设置图表区格式”窗格 - 阴影

4．制作瀑布图。

在“瀑布表”工作表中 D1:J16 区域创建瀑布图。瀑布图，指利用数据间的计算关系创建图表，从而使图表的阅读性更强。

本工作表中的数据关系为：“业务收入” - “业务成本” = “毛利润”，“毛利润” - “其他支出” - “税金” = “净利润”。可见，各项数据间存在直接关系，且是逐项减少的过程。

操作提要

① 选中所有数据，单击“插入” | “图表”组右下角的对话框启动器按钮，在“所有图表”选项卡中选择“瀑布图”，如图 3-7-8 所示。

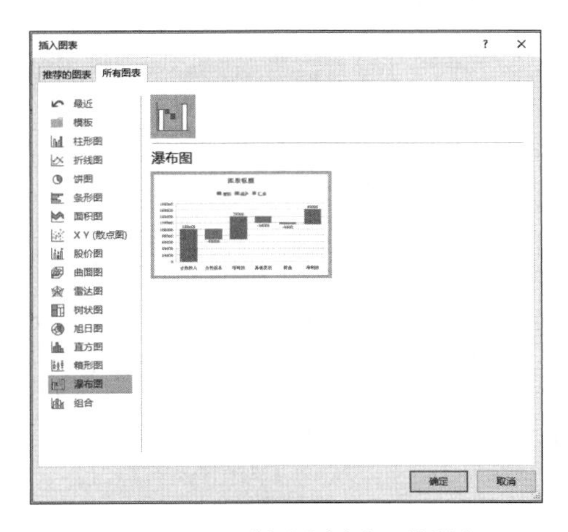

图 3-7-8 “插入图表”对话框

② 生成的瀑布图不符合题目要求，需要进行进一步修改。根据题目中数据关系，需将“毛利润”和“净利润”设置为总计，双击“毛利润”柱形，在“设置数据点格式”窗格中勾选“设置为总计”复选框，如图 3-7-9 所示，对“净利润”柱形进行同样设置。

图 3-7-9 “设置数据点格式”窗格

③ 最后将图表移动到 D1 单元格，拖动图表四边，适当调整图表右边到 J16 单元格。

5．编辑瀑布图。

（1）设置瀑布图的图例在下方显示。

（2）设置瀑布图标题内容为“净利润瀑布图”。

（3）取消显示主网格线。

操作提要

① 双击图例，在“设置图例格式”窗格中的“图例选项”中将图例位置设置为“靠下”。

② 修改标题，输入内容。

③ 双击水平的主网格线，在“设置主要网格线格式”窗格中将“线条”设置为“无线条”，如图 3-7-10 所示。

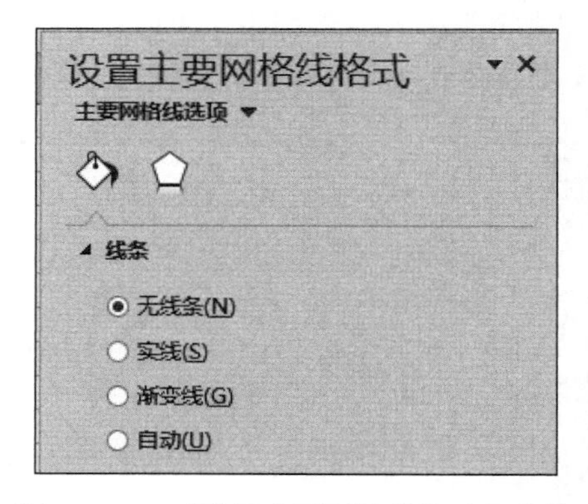

图 3-7-10 “设置主要网格线格式”窗格

6．将结果以“excel7- 学号 .xlsx”文件名保存。

实验八　Excel 2016 表格的图表（二）

一、实验目的

1. 掌握图表的创建。
2. 掌握图表的编辑。

二、实验内容

1. 打开素材中的 excel8.xlsx 文件，按照以下要求操作，效果样张如图 3-8-1 所示。
2. 制作三维簇状柱形图。

复制“学生成绩”工作表，重命名为“三维簇状柱形图”，在 A22:H38 区域插入“徐丽、李莹、朱萍、陈雪梅、周鸿”五名学生成绩三维簇状柱形图，图例放至右侧，背景为形状样式“细微效果 - 水绿色，强调颜色 5”，整个图表边框为 1.5 磅圆角黑色，添加“右上斜偏移”阴影，将背面墙的背景颜色设置为“茶色，背景 2”。

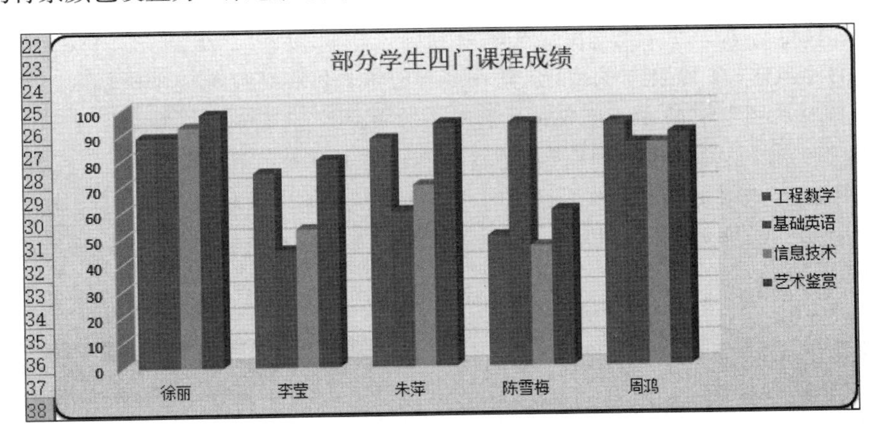

（a）样张 1

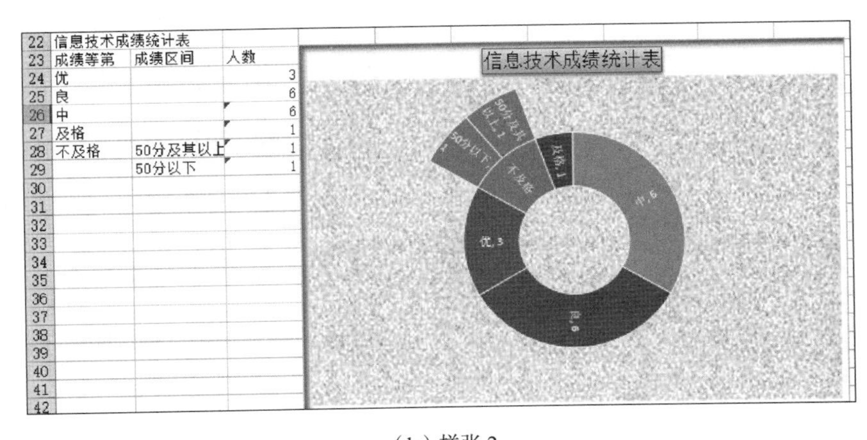

（b）样张 2

图 3-8-1　Excel 实验八

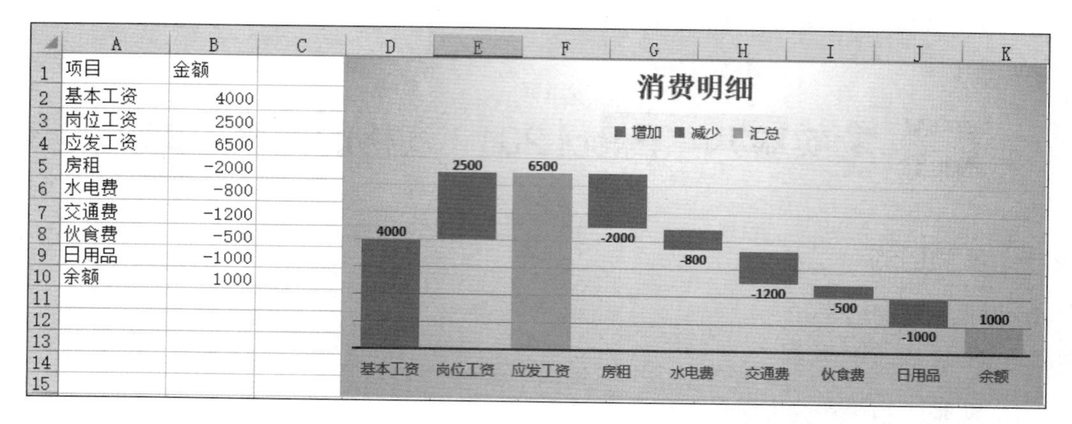

（c）样张 3

图 3-8-1 Excel 实验八（续）

操作提要

① 选择“学生成绩”工作表，按住【Ctrl】键，拖动工作表复制一个，改名为“三维簇状柱形图”。

② 注意本题图表只创建工作表中部分数据，因此选中 C2:C3、E2:H3、C6、E6:H6、C9:C10、E9:H10、C17、E17:H17 区域（注意一定要选中数据标题行），选择“插入”|“图表”|“柱状图”|“三维柱状图”中的“三维簇状柱形图”选项。

③ 将图表移动到 A22:H38 区域，拖动四边，适当调整大小。

④ 修改标题，双击图例，在打开的窗格中，“图例位置”选择“靠右”，如图 3-8-2 所示。

⑤ 单击图表，选择“图表工具 / 格式”|“形状样式”|“主题样式”|“细微效果 - 水绿色，强调颜色 5”，如图 3-8-3 所示。

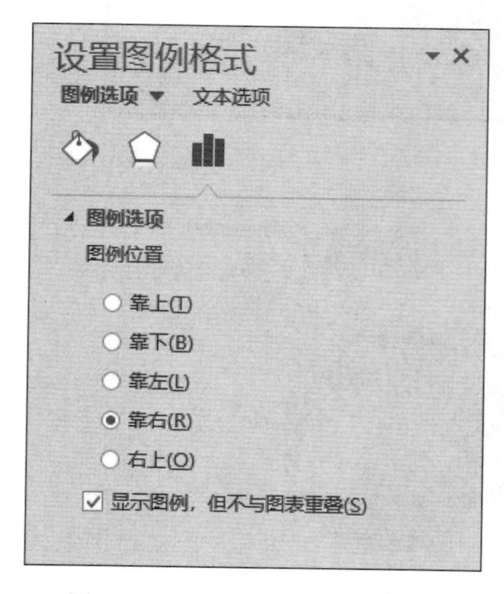

图 3-8-2 “设置图例格式”窗格

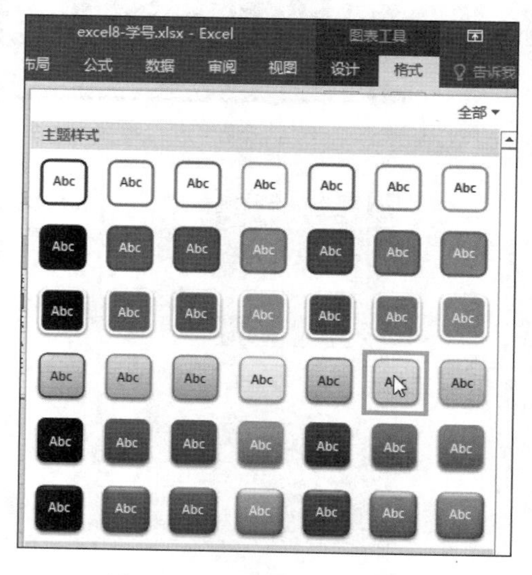

图 3-8-3 “主题样式”设置

⑥ 双击图表，打开“设置图表区格式”窗格，在“填充与线条”选项卡中设置边框，在“效果”选项卡中设置阴影。

⑦ 在窗格的“图表选项”下拉列表中选中“背景墙”，如图 3-8-4 所示，在“填充”中设置背景色，如图 3-8-5 所示。

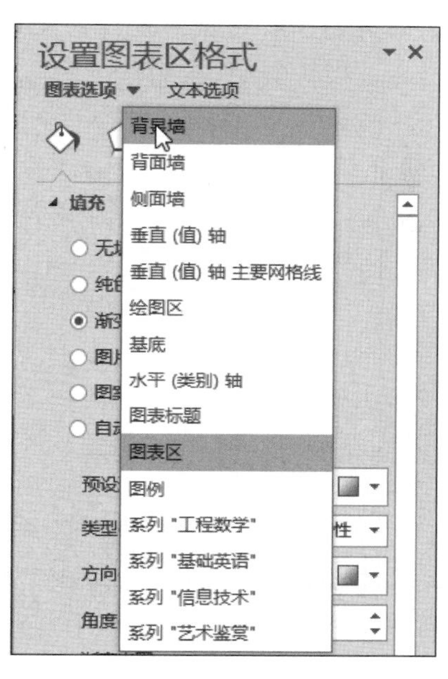

图 3-8-4 “图表选项”下拉列表

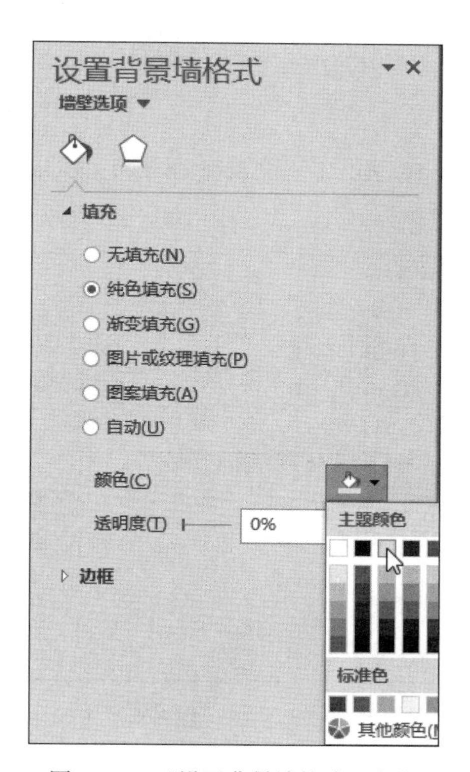

图 3-8-5 “设置背景墙格式”窗格

3．制作旭日图。

复制“学生成绩”工作表，重命名为“旭日图”，按信息技术课程成绩 90 分以上（包含 90 分）为优，80~89 分为良，70~79 分为中，60~69 分为及格，不及格分为两个分数段，50 分及其以上和 50 分以下的规则插入如样张 2 所示的旭日图，标题内容为“信息技术成绩统计图”，形状样式为“细微效果 - 水绿色，强调颜色 5”，绘图区为“新闻纸”纹理填充，整个图表添加“内部左上角”阴影，按样张标签中显示数值，放置在 D23:J42 区域。

操作提要

① 制作旭日图，首先需要根据学生成绩统计分层人数，本例中有 6 个等级需要统计，先制作一个“信息技术成绩统计表”，本例放置于 A22:C29 区域，如图 3-8-6 所示。

② 优秀人数使用 COUNTIF 函数来统计，结果存放在 C24 单元格，统计数据为 G3:G20 区域，函数参数设置如图 3-8-7 所示。

③ 良、中、及格、50 分及其以上的人数统计使用 COUNTIFS 函数实现，成绩为“良”的人数统计如图 3-8-8 所示。

22	信息技术成绩统计表		
23	成绩等第	成绩区间	人数
24	优		
25	良		
26	中		
27	及格		
28	不及格	50分及其以上	
29		50分以下	

图 3-8-6　信息技术成绩统计表

④ 50 分以下人数统计也使用 COUNTIF 函数实现，参考图 3-8-7，最终统计结果如图 3-8-9 所示。

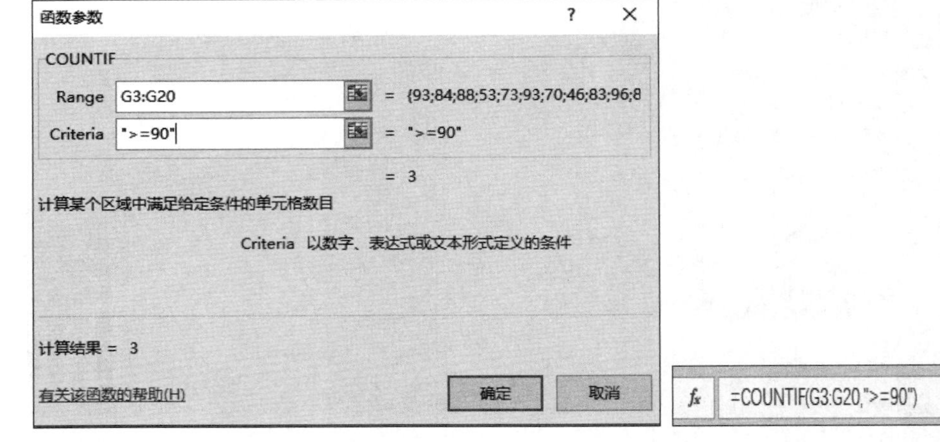

图 3-8-7　COUNTIF 成绩为“优秀”的人数

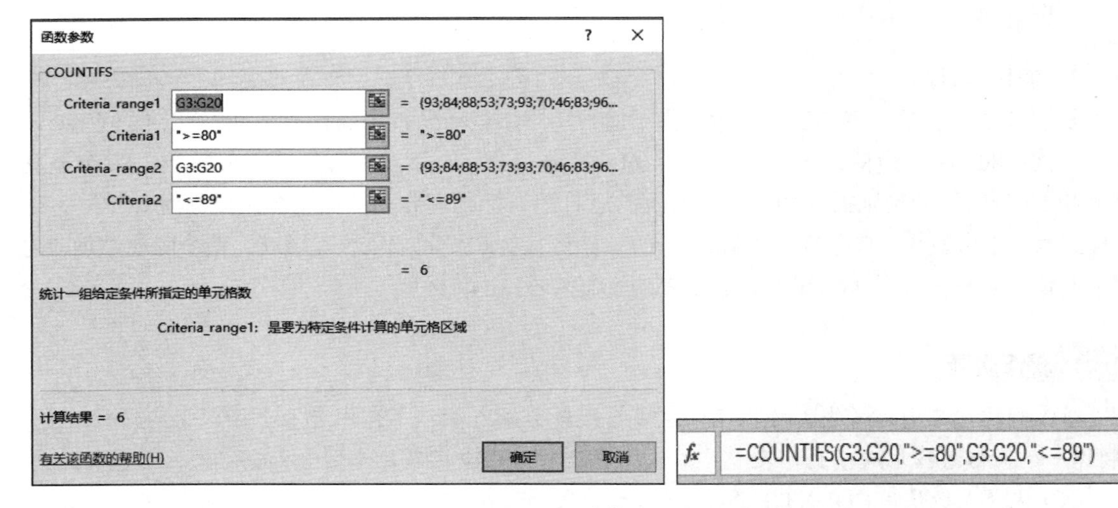

图 3-8-8　COUNTIFS 成绩为“良”的人数

22	信息技术成绩统计表		
23	成绩等第	成绩区间	人数
24	优		3
25	良		6
26	中		6
27	及格		1
28	不及格	50分及其以上	1
29		50分以下	1

图 3-8-9　信息技术成绩统计表结果

> **说　明：** COUNTIF 和 COUNTIFS 函数都是统计函数，COUNTIF 函数和 COUNTIFS 函数的共同点都是（区域，条件），不同点为 COUNTIF 函数条件只能为 1 个，比较简单，COUNTIFS 函数条件区域可以为多个，当我们要求的个数条件不单一时就可以选择 COUNTIFS 函数。使用语法：
>
> COUNTIF(区域 , 条件)
>
> COUNTIFS(区域 1, 条件 1, 区域 2, 条件 2,……)

⑤ 旭日图创建与其他形状图表制作过程相同，如图 3-8-10 所示，然后参考样张调整图表放置区域，并调整大小。

⑥ 旭日图效果设置：

➢ 修改标题内容，选中标题，选择“图表工具 / 格式”|“形状样式”|“主题样式”|“细微效果 - 水绿色，强调颜色 5”，如图 3-8-11 所示。

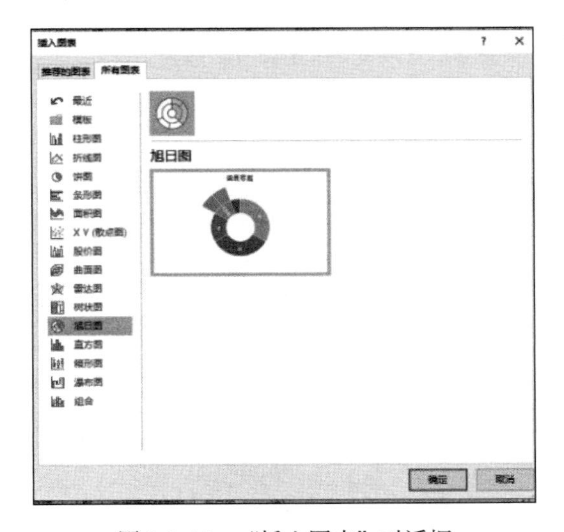

图 3-8-10　“插入图表”对话框

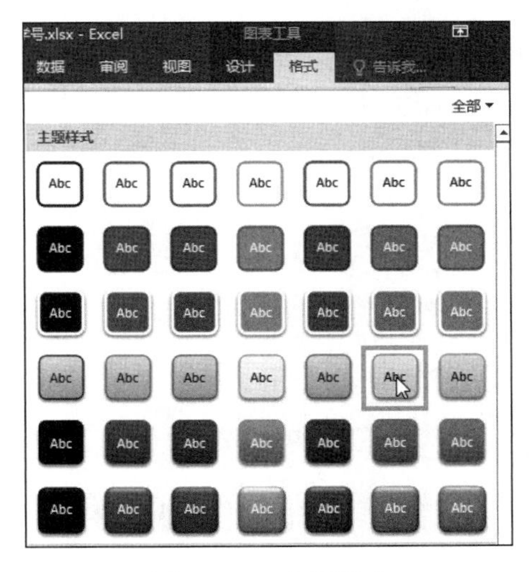

图 3-8-11　主题样式

➢ 选中绘图区，选择“图表工具 / 格式”|“形状样式”|“形状填充”|“纹理”选项，选择“新闻纸”纹理填充，如图 3-8-12 所示。

➢ 双击图表，在“设置图表区格式”窗格中选择“效果”选项卡，在“阴影”|“预设”中选择“内部左上角”，如图 3-8-13 所示。

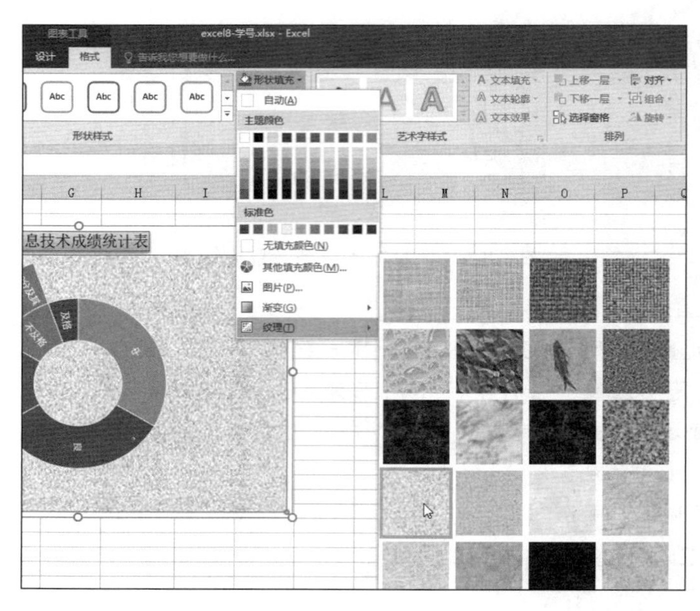

图 3-8-12 纹理填充

➢在“优”“良”等文字标签上双击，打开“设置数据标签格式”窗格，在“标签选项”中勾选“值”复选框，如图 3-8-14 所示。

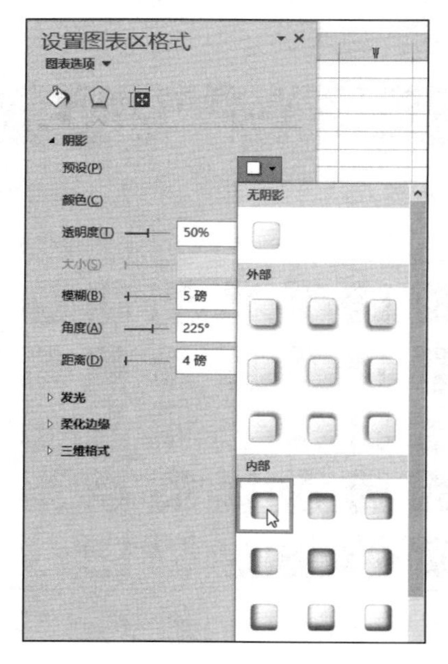

图 3-8-13 阴影设置

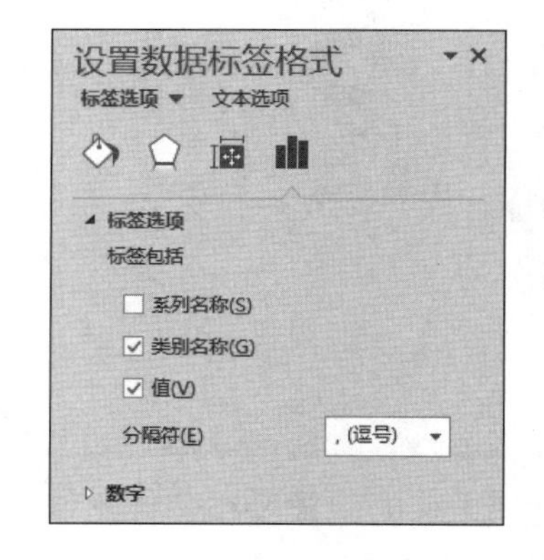

图 3-8-14 “设置数据标签格式”窗格

4．制作瀑布图。

打开“消费”工作表，在 D1:K15 区域创建如样张 3 所示的瀑布图，修改标题为“消费明细”，设置图表样式为“样式 3”，更改颜色为“彩色 / 颜色 3”。

① 选中 A1:B10 区域，单击“插入”|“图表”组右下角的对话框启动器按钮，在“所有图表”选项卡中选择“瀑布图”选项。

② 将图表移动到 D1:K15 区域，拖动四边，适当调整大小。

③ 修改标题，选中图表，选择“图表工具 / 设计”|“图表样式”中的“样式 3”，单击“更改颜色”选项，在“彩色”中选择“颜色 3”，如图 3-8-15 所示。

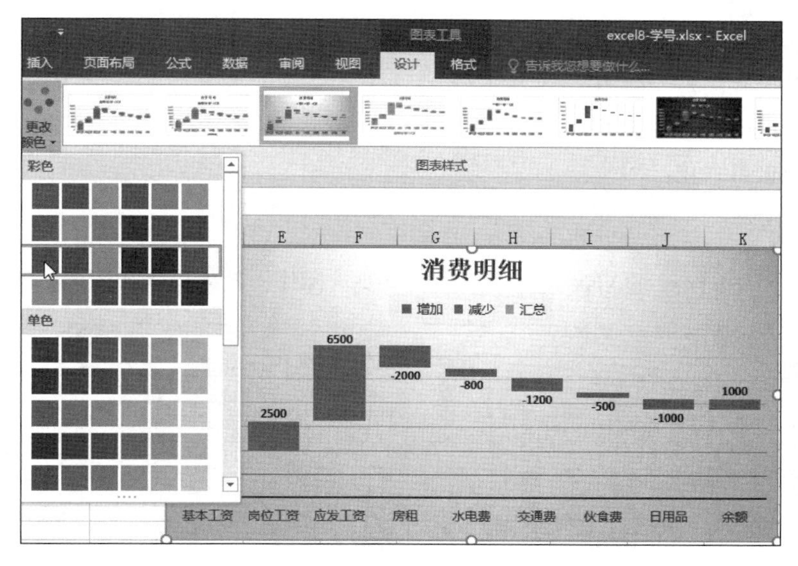

图 3-8-15 图表样式和更改颜色

④ 双击“应发工资”模块，在弹出的“设置数据点格式”窗格中勾选“设置为总计”复选框，再双击“余额”模块，在弹出的“设置数据点格式”窗格中勾选“设置为总计”复选框，如图 3-8-16 所示。

图 3-8-16 “设置数据点格式”窗格

5. 将结果以“excel8- 学号 .xlsx”文件名保存。

实验九　Excel 2016 表格的综合处理

一、实验目的

1. 掌握数据的编辑。
2. 掌握数据表的管理。
3. 掌握公式和函数的使用。
4. 掌握数据的管理。
5. 掌握数据可视化。

二、实验内容

1. 打开素材中的 excel9.xlsx 文件，按照以下要求操作，效果样张如图 3-9-1 所示。

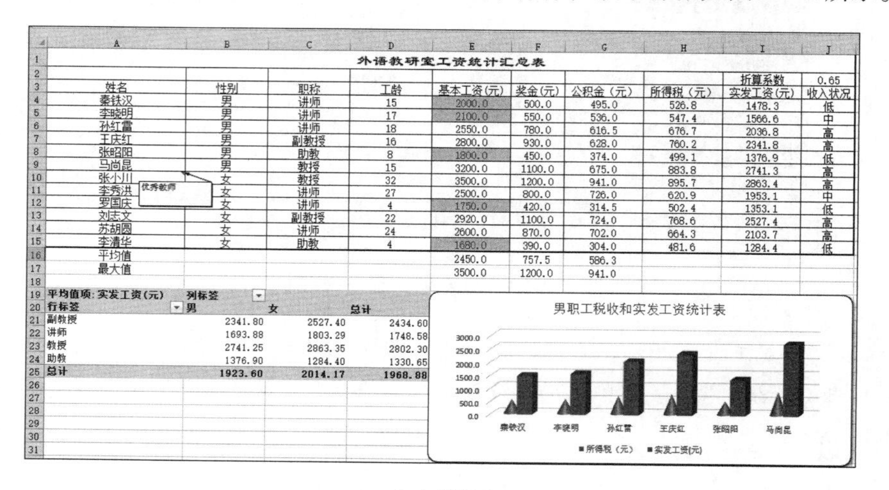

外语教研室工资统计汇总表

姓名	性别	职称	工龄	基本工资(元)	奖金(元)	公积金（元）	所得税（元）	折算系数 实发工资(元)	0.65 收入状况
秦铁汉	男	讲师	15	2000.0	500.0	495.0	526.8	1478.3	低
李晓明	男	讲师	17	2100.0	550.0	536.0	547.4	1566.6	中
孙红雷	男	讲师	18	2550.0	780.0	616.5	676.7	2036.8	高
王庆红	男	副教授	16	2800.0	930.0	628.0	760.2	2341.8	高
张昭阳	男	助教	8	1800.0	450.0	374.0	499.1	1376.9	低
马尚昆	男	教授	15	3200.0	1100.0	675.0	883.8	2741.3	高
张小川	女	教授	32	3500.0	1200.0	941.0	895.7	2863.4	高
李秀洪	女	讲师	27	2500.0	800.0	726.0	620.9	1953.1	中
罗国庆	女	讲师	4	1750.0	420.0	314.5	502.4	1353.1	低
刘志文	女	副教授	22	2920.0	1100.0	724.0	768.6	2527.4	高
苏胡圆	女	讲师	24	2600.0	870.0	702.0	664.3	2103.7	高
李清华	女	助教	4	1680.0	390.0	304.0	481.6	1284.4	低
平均值				2450.0	757.5	586.3			
最大值				3500.0	1200.0	941.0			

优秀教师

平均值项：实发工资(元)	列标签		
行标签	男	女	总计
副教授	2341.80	2527.40	2434.60
讲师	1693.88	1803.29	1748.58
教授	2741.25	2863.35	2802.30
助教	1376.90	1284.40	1330.65
总计	1923.60	2014.17	1968.88

（a）样张 1

外语教研室工资统计汇总表

姓名	性别	职称	工龄	基本工资(元)	奖金(元)	公积金（元）	所得税（元）	折算系数 实发工资(元)	0.65 收入状况
秦铁汉	男	讲师	15	2000.0	500.0	495.0	526.8	1478.3	低
李晓明	男	讲师	17	2100.0	550.0	536.0	547.4	1566.6	中
孙红雷	男	讲师	18	2550.0	780.0	616.5	676.7	2036.8	高
王庆红	男	副教授	16	2800.0	930.0	628.0	760.2	2341.8	高
张昭阳	男	助教	8	1800.0	450.0	374.0	499.1	1376.9	低
马尚昆	男	教授	15	3200.0	1100.0	675.0	883.8	2741.3	高
	男 平均值			2408.3	718.3	554.1	649.0	1923.6	
张小川	女	教授	32	3500.0	1200.0	941.0	895.7	2863.4	高
李秀洪	女	讲师	27	2500.0	800.0	726.0	620.9	1953.1	中
罗国庆	女	讲师	4	1750.0	420.0	314.5	502.4	1353.1	低
刘志文	女	副教授	22	2920.0	1100.0	724.0	768.6	2527.4	高
苏胡圆	女	讲师	24	2600.0	870.0	702.0	664.3	2103.7	高
李清华	女	助教	4	1680.0	390.0	304.0	481.6	1284.4	低
	女 平均值			2491.7	796.7	618.6	655.6	2014.2	
	总计平均值			2450.0	757.5	586.3	652.3	1968.9	
平均值				2446.8	754.5	583.9			
最大值				3500.0	1200.0	941.0			

优秀教师

（b）样张 2

图 3-9-1　Excel 实验九

2．公式和函数。

（1）计算 H 列所得税、I 列实发工资的值，以及外语教研室工资的平均值和最大值，所得税＝((基本工资－公积金)*(1－折算系数))、实发工资＝基本工资＋奖金－公积金－所得税。

操作提要

① 所得税：在 H4 单元格使用公式，如图 3-9-2 所示，计算第 1 个值，注意折算系数要引用其绝对地址，其余单元格使用填充柄完成。

图 3-9-2　所得税示例

② 实发工资：在 I4 单元格使用公式，如图 3-9-3 所示，计算第 1 个值，其余单元格使用填充柄完成。

图 3-9-3　实发工资示例

③ 计算平均值和最大值：使用 AVERAGE 函数、MAX 函数实现。

（2）统计外语教研室每个职工的收入状况，实发工资 >2 000 为“高”；1 500< 实发工资 <=2 000 为“中”；否则为“低”（注意：必须用公式对表格中的数据进行运算和统计）。

操作提要

在 J4 单元格使用嵌套的 IF 函数，如图 3-9-4 所示，计算第 1 个值，其余单元格使用填充柄完成。

图 3-9-4　嵌套 IF 示例

3．数据表编辑。

（1）Sheet1 表的设置：A1:J1 合并后居中；显示 A10 单元格的批注。

操作提要

选择 A1:J1 区域，选择“开始”|“对齐方式”|“合并后居中”选项，右击 A10 单元格，选择“显示 / 隐藏批注”命令。

（2）将 D4:G15 区域命名为“DATA”。

操作提要

选中 D4:G15 区域，在名称框中输入 DATA。

（3）将基本工资低于 2 500 元的数据设置为浅红填充色深红色文本。

操作提要

选中 E4:E15 区域，在“开始”|“样式”|“条件格式”|“突出显示单元格规则”选项中设置，如图 3-9-5 所示。

图 3-9-5　“条件格式 | 突出显示单元格规则 | 小于”对话框

（4）设置标题为隶书、16 磅；设置所有金额数值保留一位小数，居中显示；设置边框外粗内细；所有内容居中显示；参考按样张设置。

操作提要

选中需要设置的内容，在“开始”选项卡的“字体”“对齐方式”“数字”组中可设置；也可右击打开快捷菜单，在“设置单元格格式”对话框中设置。

4. 数据管理。

（1）将所有数据按“性别”升序排列。

操作提要

所有数据，本题指不包括大标题和折算系数所在行，即 A3:J15 区域（此处注意数据标题行要包含在内），“排序”对话框中设置按性别升序排列，如图 3-9-6 所示。

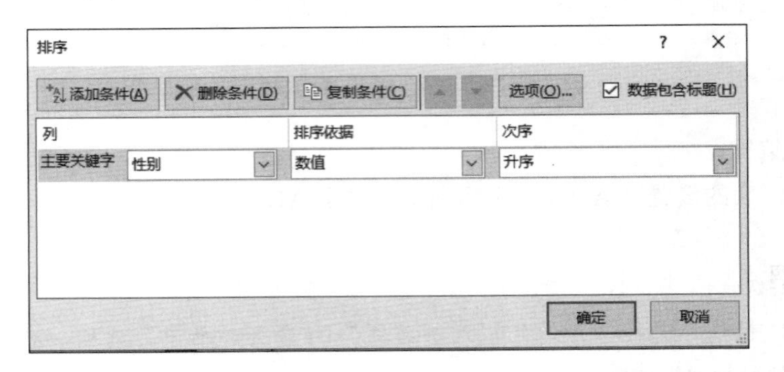

图 3-9-6　“排序”对话框

（2）复制 Sheet1 工作表，命名为“统计表”；按样张 2 分类统计男女教师的基本工资、奖金、公积金、所得税和实发工资的平均值，保留一位小数；为数据表设置合适列宽。

操作提要

① 按性别排序后（分类统计，指按类型统计，本题按“性别”类型统计基本工资等，按性别排序即可实现分类），“分类汇总”设置如图 3-9-7 所示。

② 调整列宽：选中整个表格，选择“开始”|“单元格”|“格式”|“自动调整列宽”选项；也可以在列顶部两列之间的位置双击。

（3）在 Sheet1 工作表 A19 单元格处生成数据透视表，透视表中数据小数点后保留两位小数，其他格式参考样张。

操作提要

数据透视表设置如图 3-9-8 所示，注意统计的是平均实发工资。

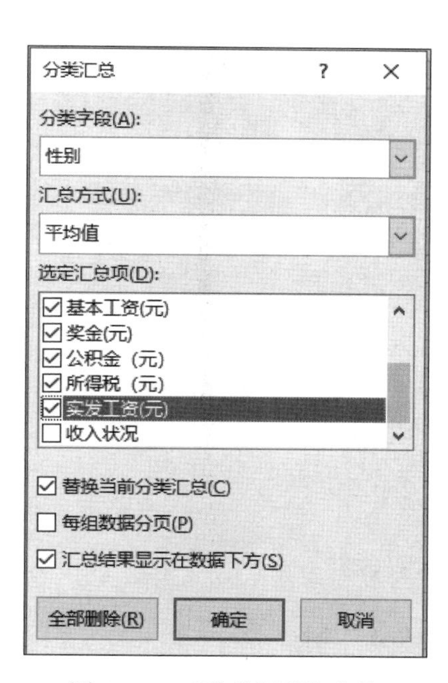

图 3-9-7 “分类汇总”窗格

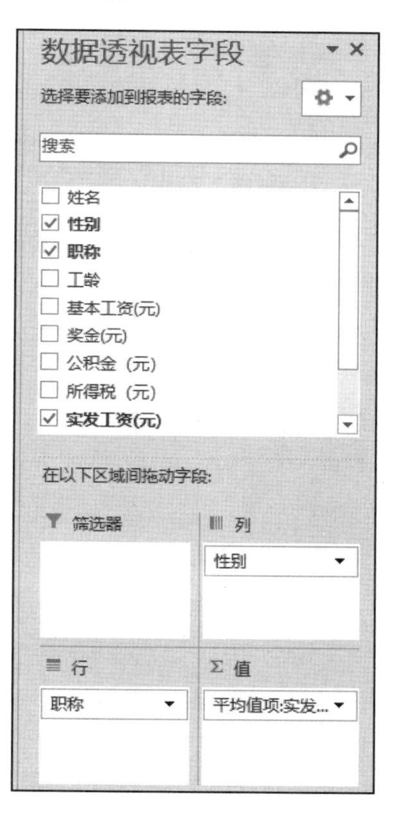

图 3-9-8 “数据透视表字段”窗格

5. 图表。

在 Sheet1 工作表中的 E19:J31 区域创建图表，图表类型参考样张 1，对图表加 1 磅黑色圆角边框，添加阴影为外部右下角偏移。

操作提要

① 此处注意图表中只有“所得税”和“实发工资”，所以只选中 A3:A9、H3:I9 区域（使

用【Ctrl】键辅助），使用“三维柱状图”中的“三维簇状柱形图”创建图表，如图 3-9-9 所示。

② 单击“所得税”数据项，打开“设置数据系列格式”窗格，在“系列选项”中选择“完整圆锥”选项，如图 3-9-10 所示。

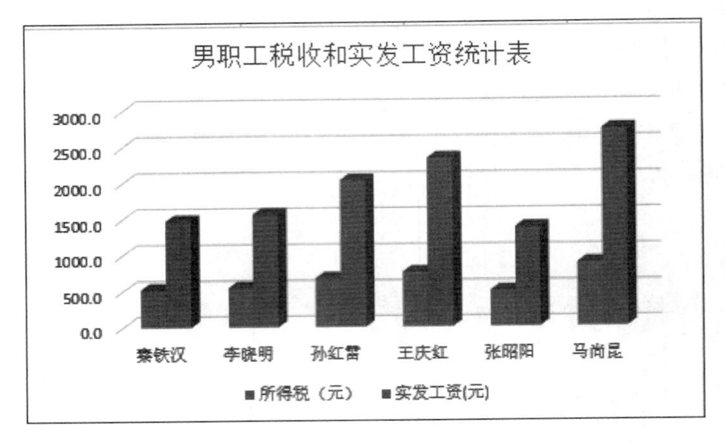

图 3-9-9　三维簇状柱形图

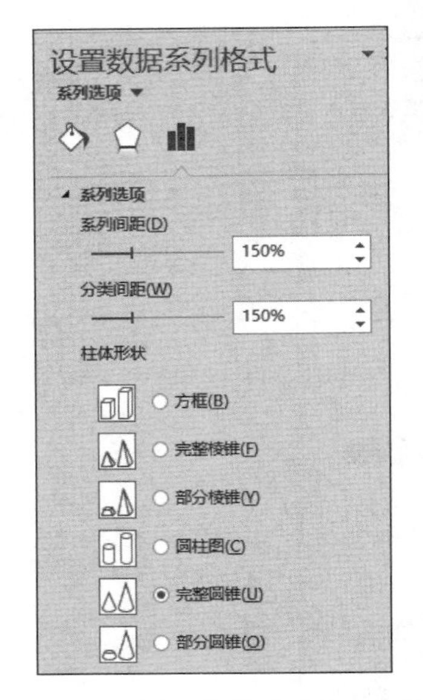

图 3-9-10　“设置数据系列格式”窗格

③ 选中图表，在“设置图标区格式”窗格中设置边框和阴影。

6. 将结果以“excel9- 学号 .xlsx”文件名保存。

第四章 演示文稿设计

实验一 PowerPoint 2016 的基本操作

一、实验目的

1. 掌握创建、打开、保存和关闭演示文稿的方法。
2. 掌握幻灯片中基本的文本编辑操作：输入、编辑、格式和效果。
3. 掌握表格的使用方法：插入、编辑、设计和布局。
4. 掌握图片、形状的使用方法：插入、编辑、设计和布局。
5. 掌握 SmartArt 图形的使用方法：插入、编辑、设计和格式。
6. 理解图表的使用方法：插入、编辑、设计、布局和格式。
7. 理解幻灯片页脚的设置。

二、实验内容

1. 创建一个新的演示文稿，并以“ppt1- 学号 .pptx”为文件名保存，按照以下要求操作，效果样张如图 4-1-1 所示。

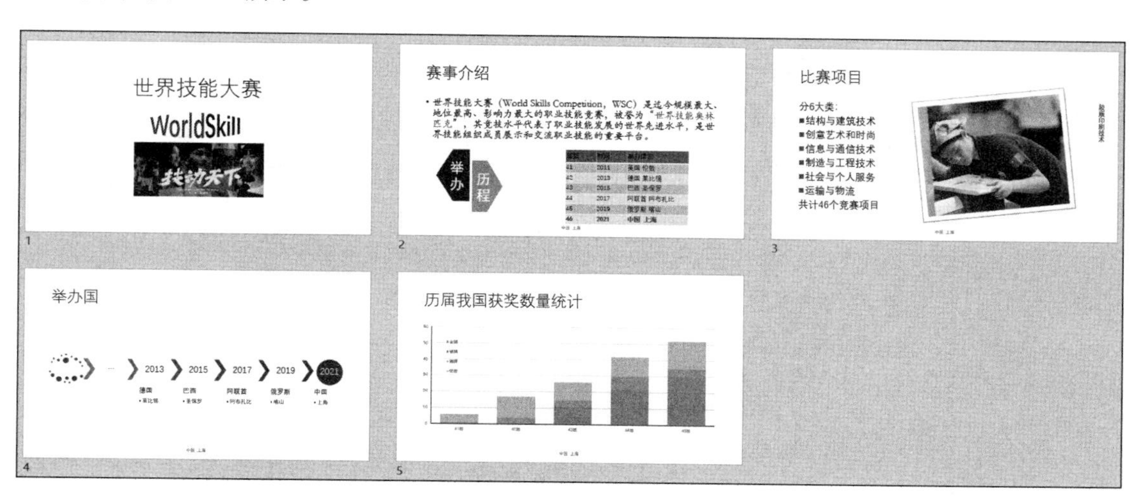

图 4-1-1 PowerPoint 实验一样张

2．编辑第 1 张幻灯片的内容并格式化。

（1）在幻灯片（默认为“标题幻灯片”版式）中添加标题“世界技能大赛”。

（2）标题下方添加艺术字“WorldSkill”，设置弯曲的文本效果，并且，其中“World”样式为“图案填充 - 白色，文本 2，深色上对角线，阴影”，不加粗；“Skill”样式为“填充 - 黑色，文本 1，阴影”，加粗。

操作提要

① 选择“插入”|“文本”|“艺术字”选项，添加艺术字。

② 选中艺术字文本（如“World”），在“绘图工具 | 格式”选项卡中的“艺术字样式”组中设置艺术字样式，在“文本效果”中选择文本效果。

（3）插入图片“4.1.p1.jpg”，为图片设置“胶片颗粒”的艺术效果。

操作提要

① 选择“插入”|“图像”|“图片”选项，插入图片。

② 选中图片，选择“图片工具 / 格式”|“调整”|“艺术效果”选项，设置图片的艺术效果。

3．新建“标题和内容”版式幻灯片，按要求编辑内容并格式化。

（1）新建第 2 张幻灯片（默认为“标题和内容”版式），标题内容为“赛事介绍”。

（2）参考素材“text4-1.txt”插入文本内容，格式为华文楷体，28 磅。

操作提要

利用“普通视图”左侧的导航窗格（见图 4-1-2），右击，在弹出的快捷菜单中（见图 4-1-3）选择“新建幻灯片”命令；也可在此选中某一幻灯片，右击，在弹出的快捷菜单中复制、删除或隐藏幻灯片。

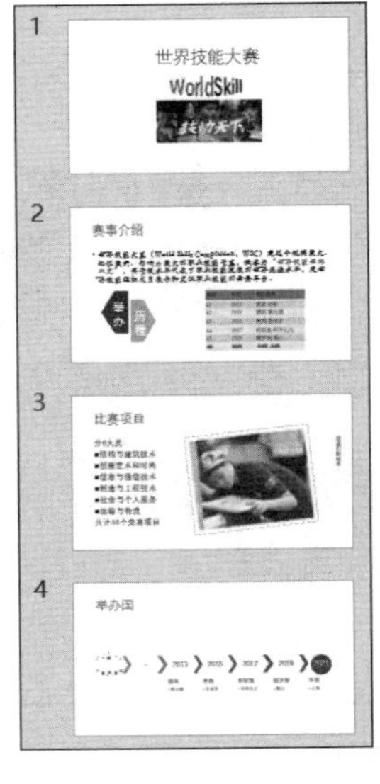

图 4-1-2　导航窗格

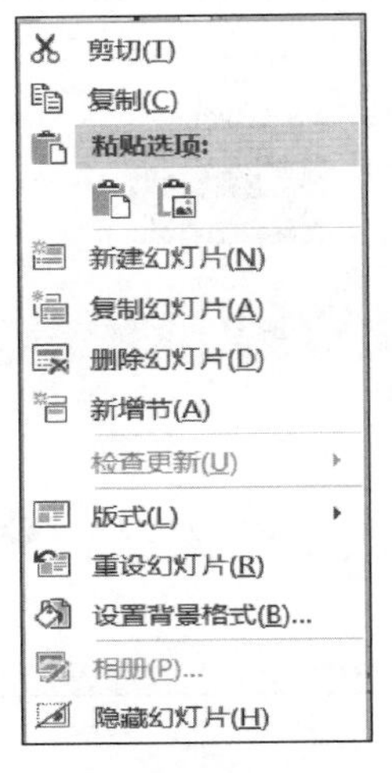

图 4-1-3　“新建幻灯片”快捷菜单

（3）插入文本与形状的组合（见图 4-1-4），左侧五边形填充色为“蓝色，个性色 1，深色 50%”，无轮廓；右侧五边形填充色为“蓝色，个性色 1，淡色 40%”，无轮廓；并在形状中添加竖排文字，黑体、白色、40 磅。

图 4-1-4 形状组合

操作提要

① 选择“插入”|“插图”|“形状”选项，按样张绘制两个“五边形”。

② 选中形状，选择“绘图工具 / 格式”|“形状样式”|“形状填充”选项，设置填充色，在“形状轮廓”中设置轮廓。

③ 在选中的形状上右击，在弹出的快捷菜单中选择“编辑文字”命令，添加文本并设置文本格式。

④ 选中所有对象（两个五边形），选择“绘图工具 / 格式”|“排列”|“组合”|“组合”选项，完成形状组合。

（4）插入表格，7 行 3 列，利用素材按样张编辑表格内容，设置表格样式为“中度样式 2-强调 1”，设置表格各列宽度分别为“3”“3”“6”（厘米），设置标题行高度为“1.3 厘米”，表格中文字字体为黑体、18 磅，最后一行文字加粗、红色、黑体。

操作提要

① 选择“插入”|“表格”选项，添加表格，如图 4-1-5 所示。

图 4-1-5 插入表格

② 选中表格，在“表格工具 / 设计”选项卡中设置表格样式，在“表格工具 / 布局”选项卡中设置单元格大小。

4. 新建幻灯片版式为“两栏内容”，按要求编辑并格式化。

（1）新建第 3 张幻灯片，更改幻灯片版式为“两栏内容”，标题为“比赛项目”。

操作提要

在幻灯片空白处右击，在弹出的快捷菜单中选择“版式”命令，修改版式（见图 4-1-6）。

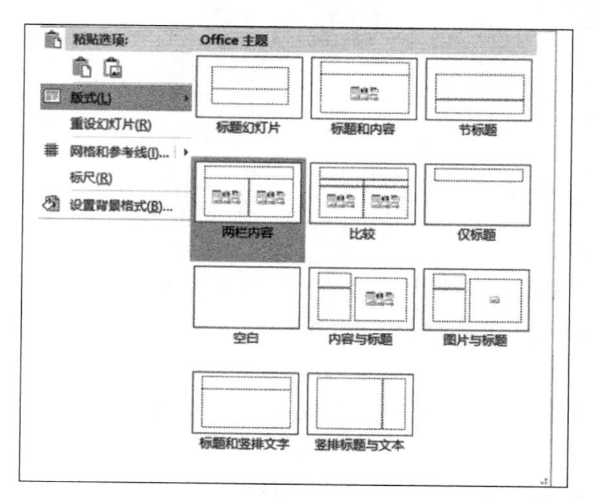

图 4-1-6　修改版式

（2）利用文字素材“text4-1.txt”编辑第 3 张幻灯片左侧文本内容，为小标题添加“带填充效果的大方形项目符号”类型项目符号，设置项目符号的大小为 75% 的字高、红色。

操作提要

选中插入的文本，选择“开始”|“段落”|“项目符号”|“项目符号和编号”选项，修改项目符号和编号，如图 4-1-7 所示。

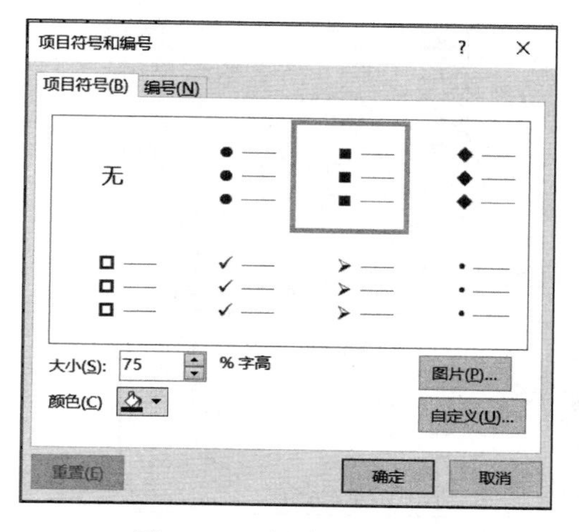

图 4-1-7　项目符号和编号

（3）在第 3 张幻灯片右侧插入图片“4.1.p2.jpg”，设置图片样式为“旋转，白色”，阴影模糊值为 50 磅，透明度 20%。

操作提要

① 选择“插入”|“图像”|“图片”选项，插入素材图片“4.1.p2.jpg”。

② 选中图片，在“绘图工具/格式”|“图片样式”中选择图片样式，进一步选择“图片效果”|“阴影”|“阴影选项”，在弹出的“设置图片格式”窗格（见图 4-1-8）中修改相关参数。

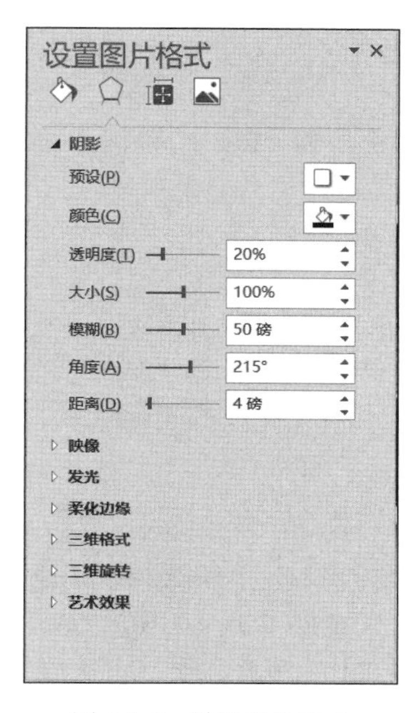

图 4-1-8 设置图片格式

（4）在第 3 张幻灯片图片的右侧插入竖排文本框，输入内容“胶版印刷技术”。

操作提要

选择“开始”|“绘图”|“竖排文本框”选项，添加竖排文本框并编辑。

5. SmartArt 图形的应用。

（1）新建第 4 张幻灯片（默认为“标题和内容”版式），标题为“举办国”，在内容占位符中输入文本（文本内容如图 4-1-9 所示，忽略格式）。

操作提要

依照占位符中的格式输入文本后，将光标定位到有缩进的行前，通过【Tab】键调整项目符号的缩进，使各行文本呈现不同层次。

（2）将文本内容转换为 SmartArt 图形，图形选择“随机至结果流程”，主题颜色为“彩色范围 - 个性 3 至 4”。

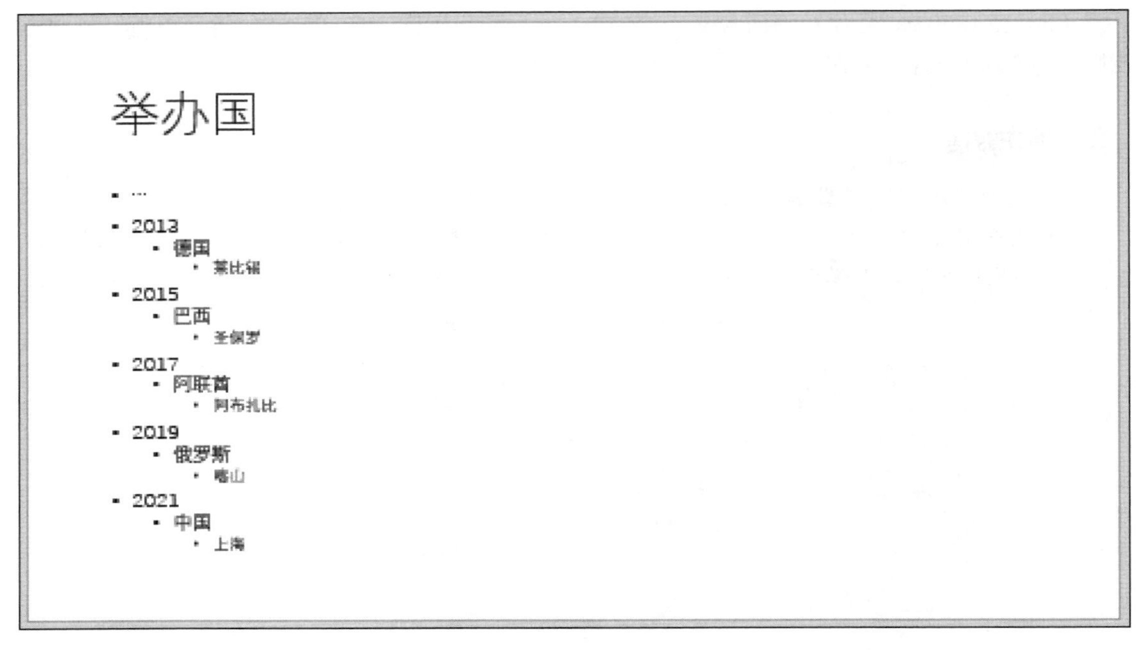

图 4-1-9　添加文本

选中整个文本框，选择“开始”|“段落”|“转换为 SmartArt”|“其他 SmartArt 图形”选项；在弹出的“选择 SmartArt 图形”对话框中（见图 4-1-10）选择“流程”|“随机至结果流程”选项，插入图形后，在“SmartArt 工具 / 设计”选项卡的“SmartArt 样式”组中单击“更改颜色”按钮更改颜色，如图 4-1-11 所示。

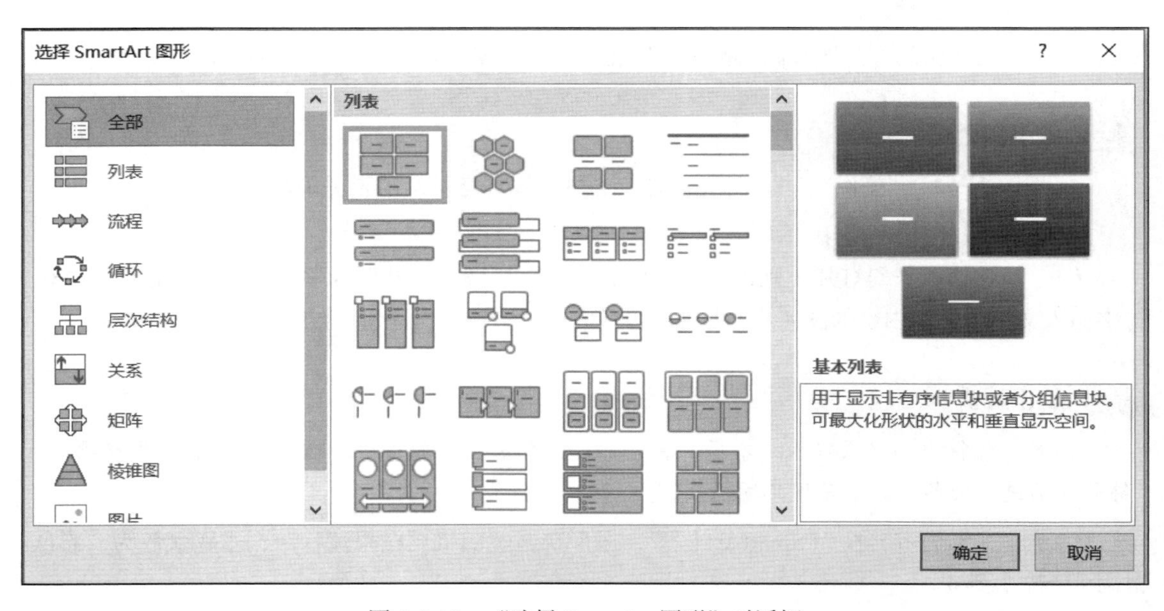

图 4-1-10　“选择 SmartArt 图形”对话框

图 4-1-11　更改 SmartArt 颜色

6．图表的应用。

（1）新建第 5 张幻灯片（默认为“标题和内容”版式），添加标题“历届我国获奖数量统计”。

（2）根据图 4-1-12 所示内容插入“堆积柱形图”图表，并设置图表样式为“样式 9”。

Microsoft PowerPoint 中的图表

	金牌	银牌	铜牌	优胜
41届	0	1	0	5
42届	0	1	3	13
43届	5	6	4	11
44届	15	7	8	12
45届	16	14	5	17

图 4-1-12　图表数据

操作提要

① 选择“插入”|“插图”|“图表”选项，选择图表类型。

② 选中图表，在“图表工具 / 设计”|“图表样式”中修改图表样式。

（3）删除图表标题，修改图表上图例位置，修改横纵坐标为黑色实线。

操作提要

选中图表中坐标轴后，右击打开快捷菜单，选择“设置坐标轴格式”命令进行设置，如图 4-1-13 所示。

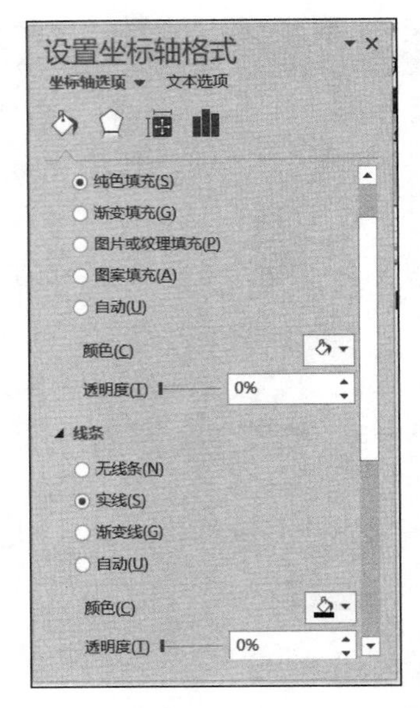

图 4-1-13　“设置坐标轴格式”窗格

7．设置页脚。

为全部幻灯片（第 1 张幻灯片除外）添加页脚文本“中国 上海”。

操作提要

选择“插入”|“文本”|“页眉和页脚”选项，进入“页眉和页脚”对话框（见图 4-1-14），设置日期和时间、幻灯片编号、页脚等信息。

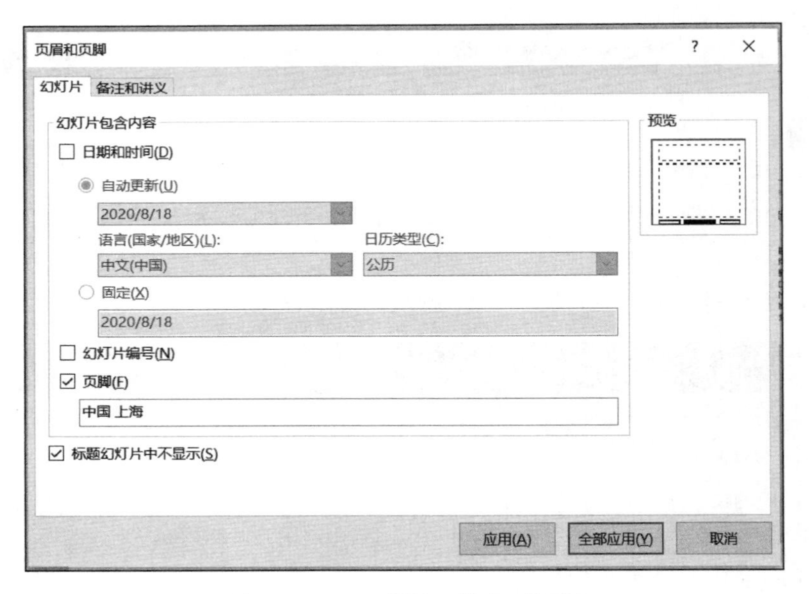

图 4-1-14　“页眉和页脚”对话框

8．保存演示文稿。

将演示文稿保存类型设置为“pptx”，文件名为“ppt1- 学号”。

实验二 PowerPoint 2016 演示文稿的总体设计

一、实验目的

1. 掌握幻灯片编排方法：插入、移动、复制、删除、版面设置。
2. 理解主题的应用方法。
3. 理解视图模式切换的应用场景。
4. 掌握母版的应用方法，版式的设计，占位符的插入。
5. 掌握逻辑节的应用方法：新建、删除和重命名。
6. 掌握设置背景样式和格式的方法。
7. 掌握在幻灯片中插入音频和视频的方法。

二、实验内容

1. 创建一个新的演示文稿，并以“ppt12- 学号 .pptx”为文件名保存，按照以下要求操作，效果样张如图 4-2-1 所示。

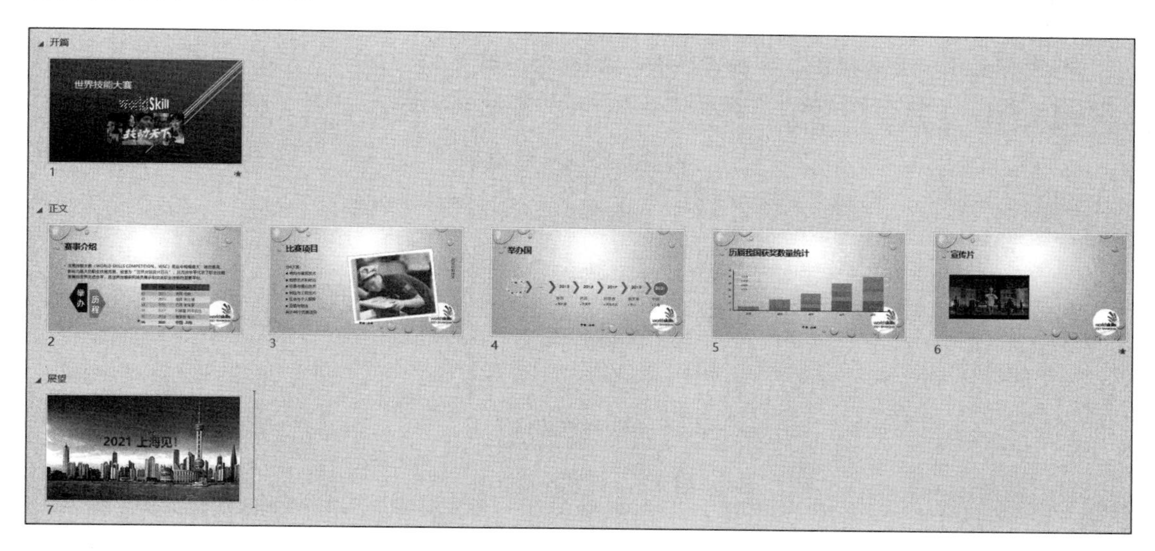

图 4-2-1 PowerPoint 实验二样张

2. 重用幻灯片。

（1）设置第 1 张幻灯片的标题内容为“2021 上海见！”，格式为“微软雅黑，60 磅，加粗，加阴影”，颜色 RGB 参数为（37、41、219）。

（2）将文件“ppt1.pptx”中的全部幻灯片导入到第 1 张幻灯片后。

操作提要

选择“开始”|“幻灯片”|“新建幻灯片”|“重用幻灯片”选项，在右侧窗格中通过浏览的方式，逐一选择文件“ppt1.pptx”中的全部幻灯片；也可以打开文件“ppt1.pptx”，全选并复制幻灯片，在文件“ppt2- 学号 .pptx”左侧的导航窗格中粘贴幻灯片。

（3）将第 1 张幻灯片移动到最末。

（4）调整所有幻灯片字体为“微软雅黑”。

操作提要

在“视图”选项卡中，切换为“大纲视图”，在大纲导航窗格中选中所有文本按【Ctrl+A】组合键，可对所有幻灯片文字设置字体。

演示文稿视图主要包括普通视图、大纲视图、幻灯片浏览视图、备注页视图、阅读视图五种。

3. 为幻灯片设置逻辑节并应用不同的主题。

（1）将 6 张幻灯片分为三个逻辑节，第一节包含幻灯片 1，名为“开篇”；第二节包含幻灯片 2 ~ 5，名为“正文”；第三节包含幻灯片 6，名为“展望”。

操作提要

将光标置于“普通视图”导航窗格中，选择“开始”|“幻灯片”|“节”|“新增节”选项（见图 4-2-2），命名节标题；这里还可以删除节、重命名节等。

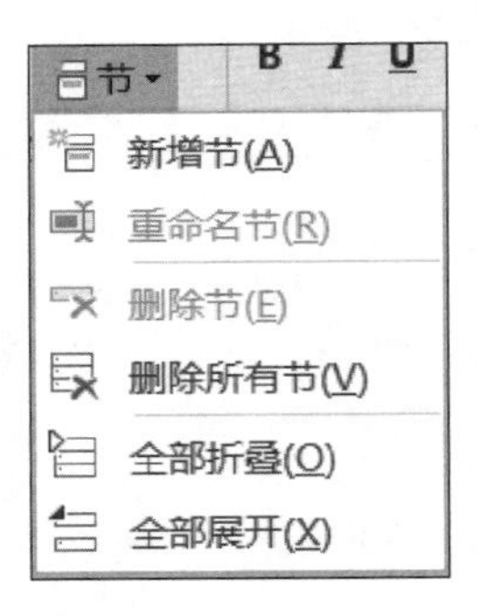

图 4-2-2 “节”菜单

（2）为“开篇”和“正文”两个逻辑节分别设置“切片”和“水滴”的主题；两节统一采用“蓝色暖调”的配色方案；对“正文”逻辑节应用背景样式“样式 2”。

操作提要

在“普通视图”导航窗格中选中节名（包括节中所有幻灯片），在“设计”|“主题”中选择一个主题，利用“变体”调整颜色、背景样式等。

（3）将图片“4.2.p1.jpg”作为“展望”逻辑节中幻灯片的背景。

选中第 6 张幻灯片，选择“设计”|“自定义”|“设置背景格式”选项，在“设置背景格式”窗格中修改背景（见图 4-2-3）；也可以在第 6 张幻灯片上右击打开快捷菜单，选择“设置背景格式”命令，完成设置。

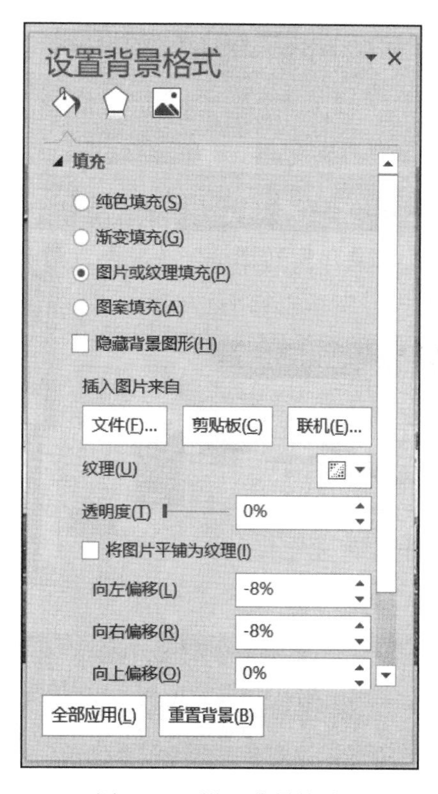

图 4-2-3 设置背景格式

4. 幻灯片母版。

（1）删除逻辑节“正文”中未被使用的幻灯片母版。

操作提要

选择“视图”|“母版视图”|“幻灯片母版”选项，进入母版编辑环境。将光标悬停在左侧导航窗格中“正文”逻辑节“水滴 幻灯片母版”中的任意幻灯片母版上，观察各母版使用情况，将未使用的幻灯片母版删除。

（2）修改“标题和内容”版式和“两栏内容”版式的母版，将标题占位符的格式设置为微软雅黑、左对齐、加粗、加阴影、40 磅。

操作提要

母版中占位符格式设置与普通编辑状态中的对象格式设置相似，可在“开始”|“字体”、“段落”等组中设置文本格式等。

（3）修改页脚占位符在幻灯片母版的正中下方，设置字体为华文楷体、16磅、黑色、居中。

操作提要

在母版编辑环境中，可增加新版式，也可在“幻灯片母版”|“插入占位符”中选择插入的不同占位符，还可在已有版式中添加修改各占位符。

（4）在“正文”逻辑节的“标题和内容”版式和“两栏内容”版式的母版中插入图片“4.2.p2.jpg”（删除图片背景）。

操作提要

选中插入的图片，选择“图片工具/格式”|“删除背景”选项，在弹出的“背景消除”选项卡（见图4-2-4）选择“标记要保留的区域”（紫色为要删除内容，如图4-2-5所示），在图片中进行标记后保留更改。

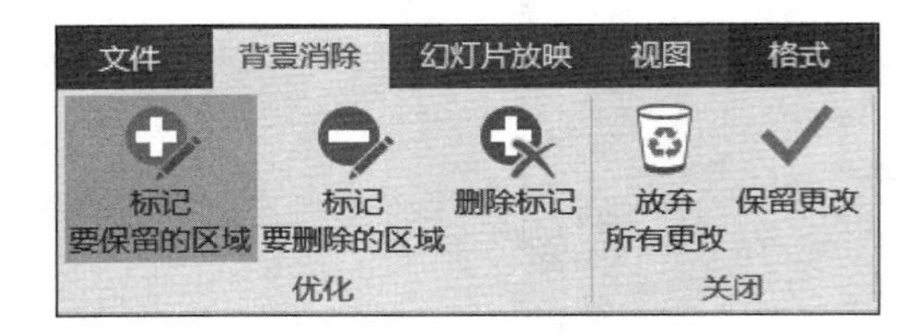

图 4-2-4　“背景消除”选项卡

图 4-2-5　紫色为要删除内容

（5）关闭母版视图。

5. 插入音频。

（1）在第1张幻灯片上插入音频文件“4.2.v1.mp3”。

操作提要

选择“插入”|“媒体”|“音频”|“PC上的音频”选项，在弹出的“插入音频”对话框中选择音频文件。

（2）设置播放效果：隐藏播放图标，自动播放，跨幻灯片播放。

操作提要

选中音频元素，在“音频工具/播放”|“音频选项”组中设置播放效果；也可以在“音频工具/播放”|“编辑”组中裁剪编辑音效，如图4-2-6所示。

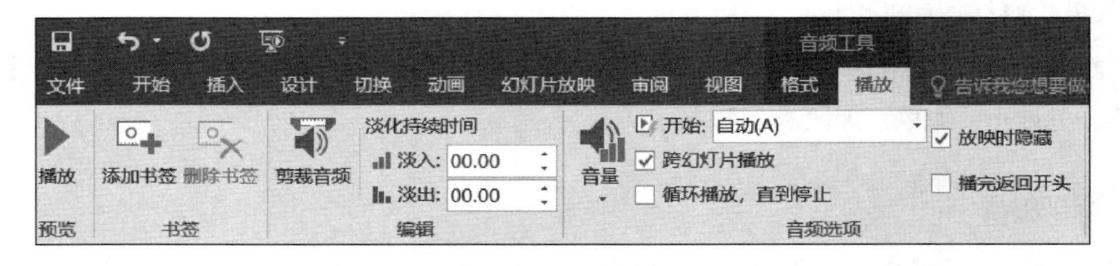

图 4-2-6　“音频工具/播放”选项卡

6．插入视频。

（1）在“正文”逻辑节末尾插入“两栏内容”版式的幻灯片，并添加标题“宣传片”。

操作提要

幻灯片的主题与样式沿用“正文”逻辑节内已有的设置。

（2）在左侧栏插入视频“4.2.v2.mp4”，自动播放。

操作提要

① 选择“插入”|“媒体”|“视频”|“PC 上的视频”选项，在弹出的“插入视频文件”对话框中选择视频文件。

② 选中视频，在“视频工具 / 播放”选项卡（见图 4-2-7）中设置视频开始方式为“自动”。

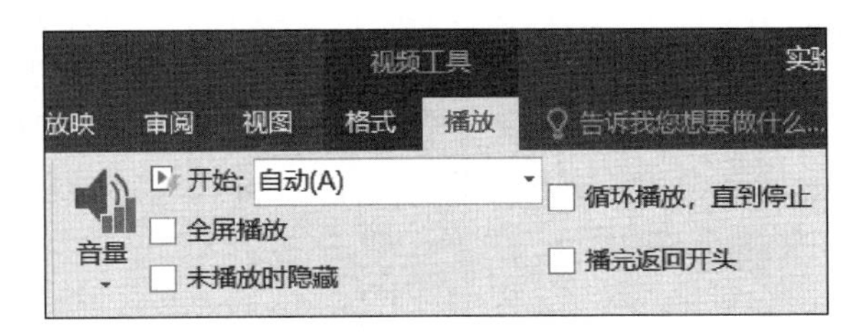

图 4-2-7 “视频工具 / 播放”选项卡

7．保存演示文稿。将演示文稿以“ppt2- 学号 .pptx”文件名保存。

实验三　PowerPoint 2016 演示文稿中的动画设计

一、实验目的

1. 掌握为幻灯片上的各种元素添加动画的方法：进入、强调、退出、动作路径，以及动画刷的使用。

2. 掌握为幻灯片上的各种元素添加超链接和动作按钮的方法。

3. 掌握幻灯片切换效果的设置方法：切换方式、切换效果、切换声音。

4. 理解幻灯片放映的相关设置：放映类型、放映范围、放映选项、自定义放映、排练计时等。

5. 掌握幻灯片打印的相关设置：打印属性（幻灯片大小、纸张打印方向）、打印内容等。

二、实验内容

1. 打开素材文件“ppt3.pptx”，完成下列操作，并以“ppt3- 学号 .pptx”为文件名保存，按照以下要求操作，效果样张如图 4-3-1 所示。

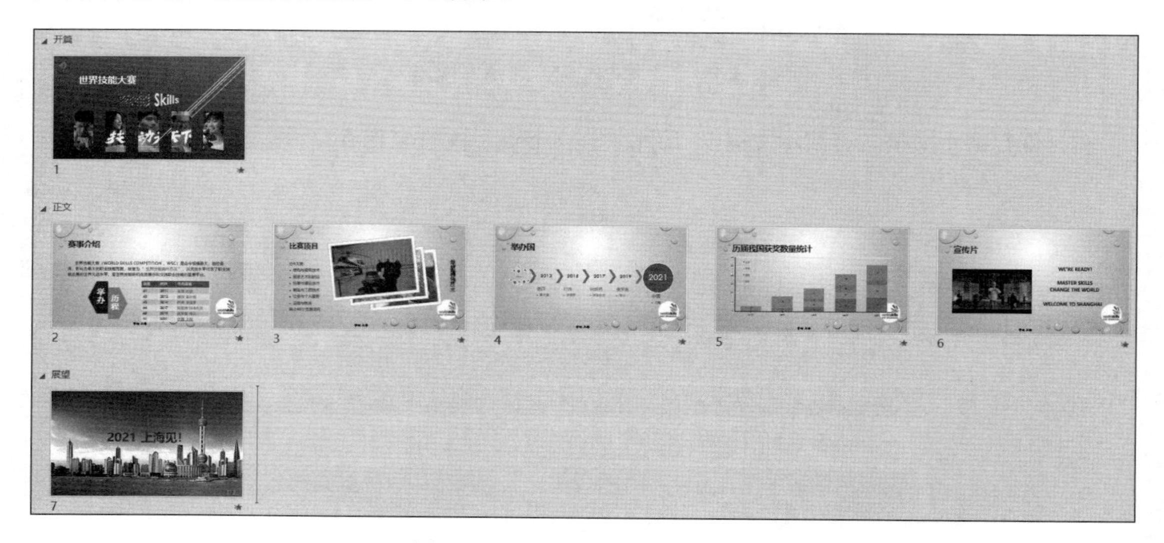

图 4-3-1　PowerPoint 实验三样张

2. “开篇”逻辑节动画设计。

（1）为“开篇”逻辑节母版上的线条（共 5 根）添加“从右上方飞入”的进入动画效果，播放计时“从上一项开始”。

操作提要

① 选择“视图”|“母版视图”|“幻灯片母版”选项，切换至母版视图；按下【Shift】键后，再选中“切片”主题“标题幻灯片”母版上的 5 根线条（见图 4-3-2）。

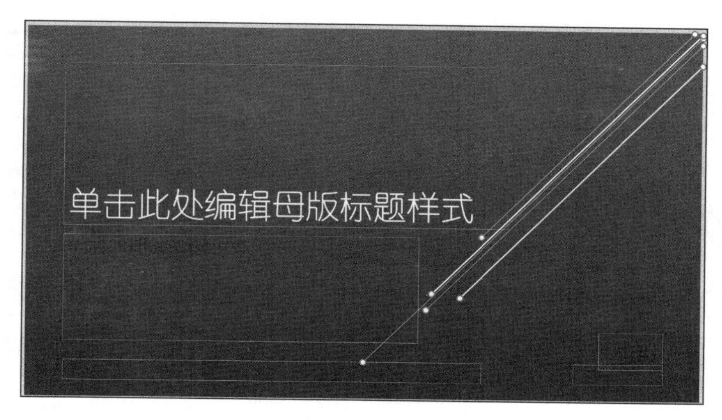

图 4-3-2　同时选中 5 根线条

② 选择“动画”|“动画”|“进入”|“飞入”选项，为 5 根线条添加“飞入”的进入动画效果，并在“效果选项”中将线条飞入的方向设置为“自右上部”。

③ 选择“动画”|“高级动画”|“动画窗格”选项，在右侧出现的动画窗格（见图 4-3-3）中，设置动画的开始方式为“从上一项开始”（见图 4-3-4）。

图 4-3-3　动画窗格

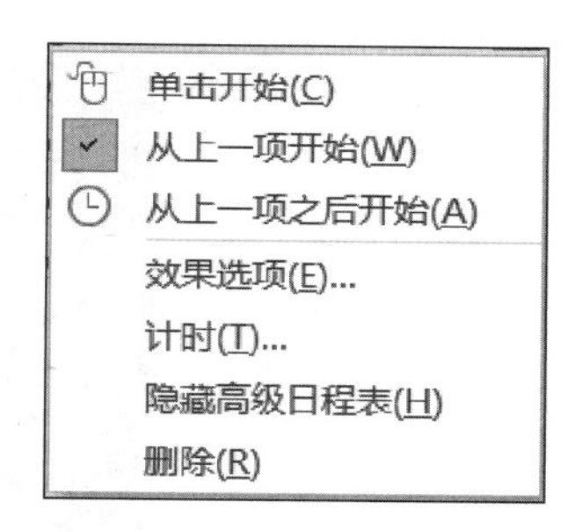

图 4-3-4　设置计时

④ 关闭母版视图。

（2）为第 1 张幻灯片中的 5 张图片添加同时从下方飞入之后再同时横向合并成一张图的动画效果，飞入速度为“快速”，横向左右移动速度为“非常快”。

操作提要

① 在普通视图下同时选中第 1 张幻灯片上的 5 张图片，在“动画”选项卡下设置“飞入”的进入动画方式，效果选项默认为从底部，计时开始时为“与上一动画同时”，速度为“快速”。

② 选择左边的第 1 幅图片，选择“动画”|“高级动画”|“添加动画”|“其他动作路径”选项（见图 4-3-5），添加“向右”的动作路径（见图 4-3-6），通过图片上的红色圆点调整图片的动作路径（见图 4-3-7）。

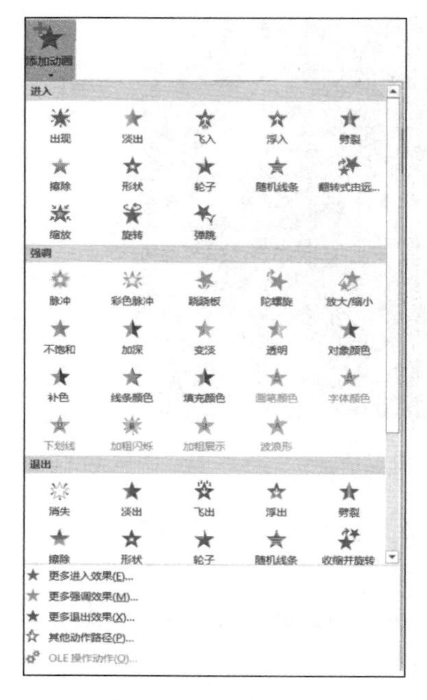

图 4-3-5　添加动画

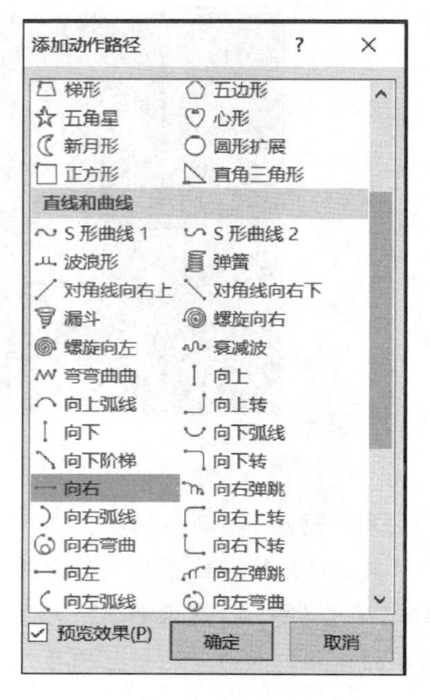

图 4-3-6　添加动作路径

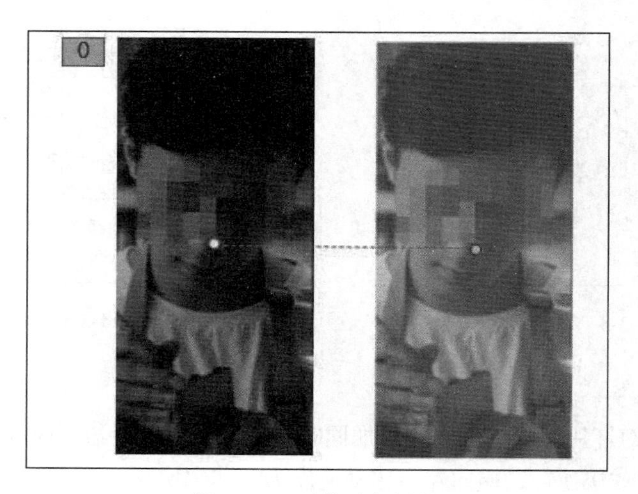

图 4-3-7　动作路径调整

③ 其他 3 张图片（左 2、右 1、右 2）按照相同的方法添加“向右”或“向左”的动作路径，并调整动作路径的长度，确保左右两侧的图片能向中间图片（左 3）合并成一个整体，图 4-3-8 为合并前，图 4-3-9 为合并后的效果。

④ 在动画窗格中选中左 1、左 2、右 1、右 2 共 4 幅图片，设置其向左或向右移动的速度为“非常快”，计时开始时为“与上一动画同时”。

图 4-3-8　合并前

图 4-3-9　合并后

注　意：同一对象元素上可以添加多个动画。这里，横向合并动画效果在从底部飞入动画之后。

（3）为第 1 张幻灯片中的“World Skills”艺术字添加“脉冲”的强调动画效果，重复 2 次，非常快，计时为“上一动画之后”。

操作提要

① 选中幻灯片上的艺术字，选择“动画”|“动画”|“强调”|“脉冲”的强调效果。

② 选择“动画”|“高级动画”|“动画窗格”选项，在动画窗格（见图 4-3-10）中双击“矩形 4：World Skills”，在弹出的“脉冲”对话框中，设置动画开始计时为“上一动画之后”，期间为“非常快（0.5s）”，重复 2 次（见图 4-3-11）。

图 4-3-10　动画窗格

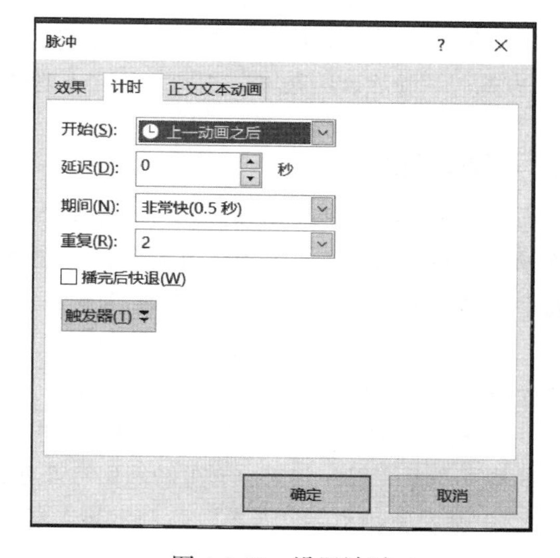

图 4-3-11　设置计时

3．“正文”逻辑节动画设计。

（1）为“正文”逻辑节中的所有幻灯片（共 5 张）的标题添加“形状”的进入动画为“切入”，方向为“自左侧”，播放计时“上一动画之后”。

操作提要

① 选中第 2 张幻灯片标题“赛事介绍”，选择“动画”|“动画”|“进入”|“形状”的进入效果，在“效果选项”中选择“切出”；双击动画窗格中的“标题 1”，在弹出的“圆形

扩展”对话框的“计时”选项卡中将“开始”选项设置为“上一动画之后”。

② 在第2张幻灯片上选中标题“赛事介绍”（标题1的整个文本框），选择“动画”|“高级动画”|“动画刷”选项（见图4-3-12），利用动画刷，将“正文”逻辑节的所有标题设置成相同的动画效果。

图 4-3-12　动画刷

③ 还可以利用母版视图，直接修改“正文”逻辑节中所有幻灯片标题的动画效果。

（2）为第2张幻灯片（“赛事介绍”）中的形状组合“举办历程”添加“缩放”的进入动画，速度为“非常快”，播放计时在“上一动画之后”；为表格添加效果为“左右向中央收缩”的“劈裂”的进入动画，播放计时在“上一动画之后”。

（3）为第3张幻灯片（“比赛项目”）中的图片添加“翻转式由远及近”的进入动画，速度为“快速”，播放计时在“上一动画之后”；为右侧对应的竖排文字“胶版印刷技术”添加从右侧“飞入”的进入动画，播放计时在“上一动画之后”；继续插入图片“4.3.p1.jpg”和“4.3.p2.jpg”，图片样式、动画进入方式与第1张图片相同，右侧竖排文字“花艺”和“飞机维修”的进入方式与“胶版印刷技术”相同，且互不遮挡。

操作提要

① 选中第3张幻灯片中的图片，选择“动画”|“动画”|“进入”|“翻转式由远及近”，在动画窗格中双击这一动画，在弹出的“翻转式由远及近”对话框的“计时”选项卡中设置动画开始时间为“上一动画之后”，期间为“快速（1s）”。

② 选中图片旁的竖排文字“胶版印刷技术”，选择“动画”|“动画”|“进入”|“飞入”，在“效果选项”中选择“自右侧”，计时为“上一动画之后”。

③ 选择“插入”|“图像”|“图片”选项，插入图片“4.3.p1.jpg”，利用格式刷，设置图片的格式与原有图片相同；利用动画刷，设置图片的进入效果与①相同。

④ 插入竖排文字“花艺”，利用格式刷，设置文字的格式与“胶版印刷技术”相同；利用动画刷，设置文本框“花艺”与文本框“胶版印刷技术”的进入动画相同；选中文本框“胶版印刷技术”，单击“添加动画”下拉菜单中的退出动画“消失”，动画计时设置为“上一动画之后”。

⑤ 继续插入图片“4.3.p2.jpg”，设置图片的格式与进入效果（参见③）。

⑥ 插入竖排文本框“飞机维修”，设置格式与动画方式（参见④）。

⑦ 同时选中三个竖排文本框，利用“绘图工具/格式”|“排列”|“对齐”命令调整文本框的位置与对齐方式。

⑧ 图4-3-13为第3张幻灯片动画窗格的详细设置。

图 4-3-13 第 3 张幻灯片动画设置结果

（4）修改第 4 张幻灯片（“举办国”）中的 SmartArt 图形，将圆形“2021”加大，深红色填充，“中国”和“. 上海”文字加粗，加阴影；为 SmartArt 图形添加“逐个”“出现”的进入动画，播放计时在“上一动画之后”，延迟 0.05s。

操作提要

① 选中第 4 张幻灯片中的 SmartArt 图形，进一步选中其中的圆形“2021”，按住【Shift】键，放大圆形，并在“SmartArt 工具 / 格式”选项卡的“形状样式”组中修改“形状填充”颜色为“深红”；选中圆形下面的文字“中国”和“. 上海”，设置加粗，加阴影效果。

② 选中 SmartArt 图形，在“动画”选项卡中选择“出现”的进入动画，“效果选项”设置为“逐个”；并在动画窗格中双击动画，在弹出的“出现”对话框（见图 4-3-14）中设置“组合图形”为“逐个按分支”，选择“计时”选项卡，设置计时开始为“上一动画之后”，延迟为“0.05”s（见图 4-3-15）。

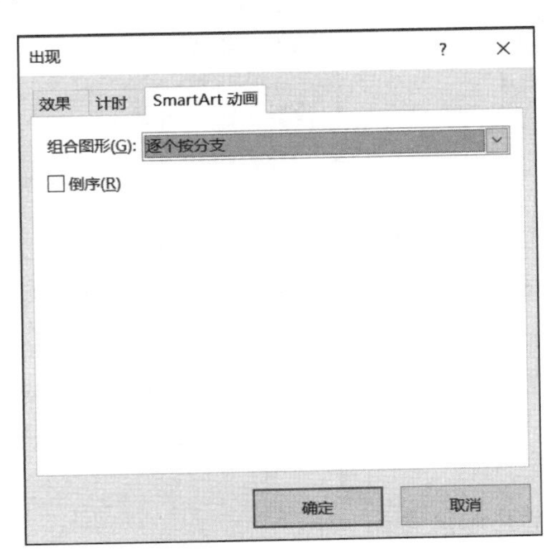

图 4-3-14 设置 SmartArt 动画

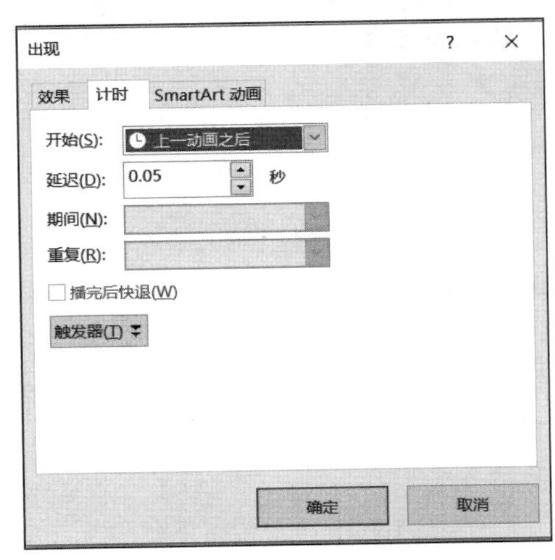

图 4-3-15 设置计时

（5）为第 5 张幻灯片（“历届我国获奖数量统计”）中的堆积柱形图表添加“按类别”“自底部”“伸展”的进入动画，播放计时在“上一动画之后”。

操作提要

选中图表，在“动画”选项卡中选择“伸展”的进入动画，“效果选项”设置方向为“自底部”，设置“序列”为“按类别”；在动画窗格中单独删除图表背景的动画设置。

（6）在第 6 张幻灯片（“宣传片”）右侧添加三个文本框，并输入内容，分别在视频播放的“00:05”s、“00:10”s 和“00:25”s（不必过分精确）触发三个文本框以“缩放”的形式进入幻灯片。

操作提要

① 选择“插入”|“插图”|“形状”|“文本框”选项，在第 6 张幻灯片右侧插入三个文本框，内容分别为“WE' RE READY!”“MASTER SKILLS CHANGE THE WORLD”和“WELCOME TO SHANGHAI”；设置文字大小，并利用“绘图工具 / 格式”|“排列”|“对齐”选项，调整文本框的位置与对齐方式。

② 在普通视图下播放视频，播放在大约 5s 时，选择“视频工具 / 播放”|“添加书签”选项，添加一个书签（见图 4-3-16）；继续播放，在 10s 和 25s 处添加书签，如图 4-3-17 所示。

图 4-3-16　在视频上添加书签

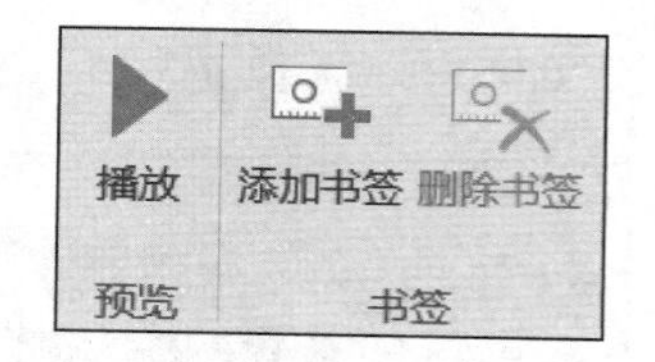

图 4-3-17　“添加书签”按钮

③ 选中“WE' RE READY!”文本框，选择“动画”选项卡上的“缩放”进入效果；在动画窗格中双击这一动画，在弹出的“缩放”对话框的“计时”选项卡中，单击“触发器”按钮，设置文本框缩放动画的触发方式为“书签 1”（见图 4-3-18）。

④ 与“WE' RE READY!”文本框的动画设置方式类似，将“MASTER SKILLS CHANGE THE WORLD”文本框和“WELCOME TO SHANGHAI”文本框的动画触发方式设置为“书签 2”和“书签 3”。

⑤ 图 4-3-19 所示为第 6 张幻灯片中动画窗格的详细设置。

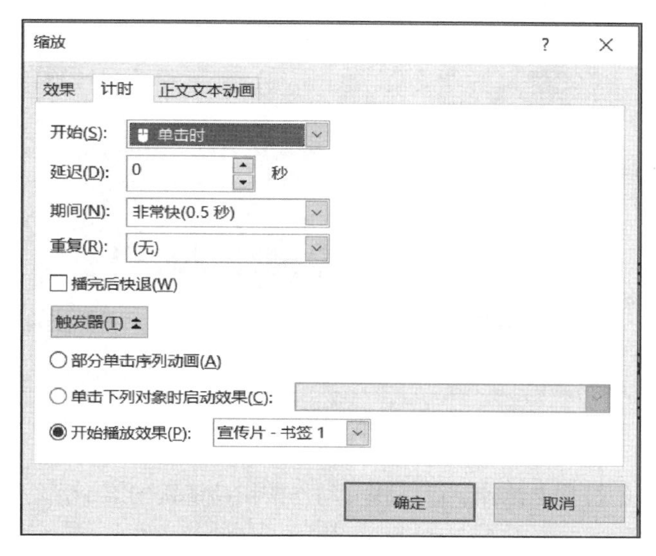

图 4-3-18 设置动画触发器

图 4-3-19 第 6 张幻灯片设置动画结果

4．超链接和动作按钮的应用。

（1）为第 2 张幻灯片（“赛事介绍”）表格中的“中国 上海”文字添加超链接到最后一张幻灯片。

操作提要

选中第 2 张幻灯片表格上的文字“中国 上海”，选择“插入”|“链接”|“超链接”选项，在弹出的“编辑超链接”对话框（见图 4-3-20）中，设置链接到“本文档中的位置”，具体位置是第 7 张幻灯片，然后单击“确定”按钮；也可以利用超链接链接到网页、邮件地址等外部资源。

图 4-3-20　编辑超链接

（2）在最后一张幻灯片上添加“第一张”动作按钮超链接到第 1 张幻灯片。

操作提要

在第 7 张幻灯片上，选择“插入”|“插图”|“形状”|“动作按钮”|“第一张”选项，如图 4-3-21 所示，利用“+”字型绘图光标，将动作按钮添加在幻灯片上的合适位置；也可以在弹出的“操作设置”对话框（见图 4-3-22）中超链接到其他幻灯片位置。

动作按钮

图 4-3-21　动作按钮

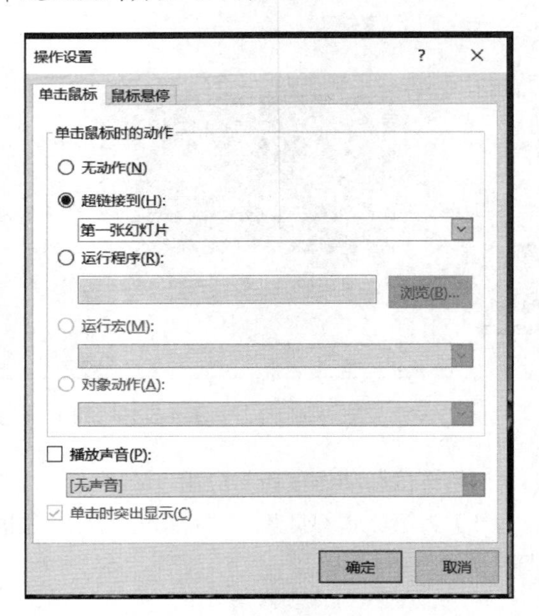

图 4-3-22　操作设置

5. 幻灯片切换设置。

（1）为第 1 张幻灯片设置“平滑”“淡出”的切换效果；“正文”逻辑节中 5 张幻灯片的切换方式为“推进”，效果分别为“自底部”“自左侧”“自右侧”“自顶部”“自底部”。

（2）所有幻灯片的切换持续时间为 1s，换片方式为“单击鼠标时”。

操作提要

利用“切换”|“切换到此幻灯片”组（见图 4-3-23）选择幻灯片的切换方式，并根据不同的切换方式设置切换效果；“计时”组中可以设置切换持续时间、换片方式等；也可以根据需求设置为“随机”的切换方式，并应用于全部幻灯片。

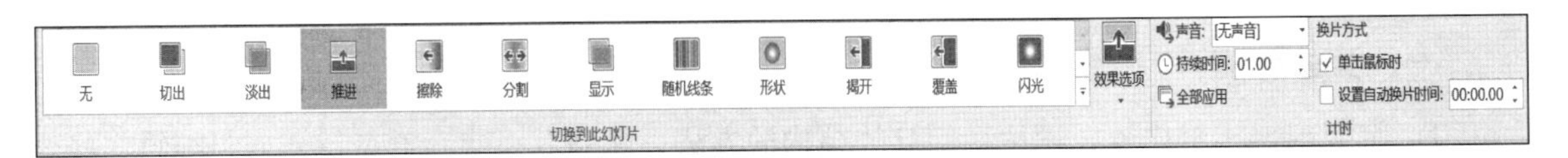

图 4-3-23　切换到幻灯片

6. 幻灯片放映方式和打印设置。

（1）设置幻灯片的放映类型为“观众自行浏览”，并隐藏最后一张幻灯片。

操作提要

① 选择“幻灯片放映”|“设置”|“设置幻灯片放映”选项，打开“设置放映方式”对话框（见图 4-3-24），可以对放映类型，放映选项和放映幻灯片等进行设置。

② 在左侧的导航窗格中选中幻灯片，单击“隐藏幻灯片”按钮，选中的幻灯片将不被放映；还可以使用排练计时等工具控制放映时长。

（2）以 9 张水平放置的方式打印幻灯片讲义，打印方向为横向。

操作提要

执行“文件”|“打印”命令，可以设置打印内容（见图 4-3-25），包括打印版式、讲义布局和纸张方向等。

幻灯片的打印版式包括整页幻灯片、备注页、大纲三种。

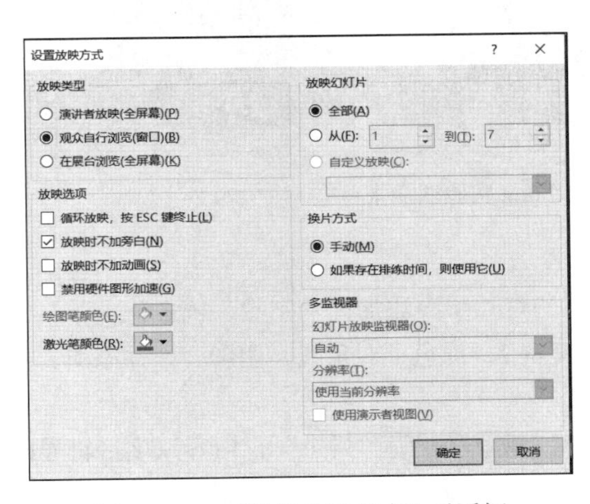

图 4-3-24　“设置放映方式”对话框

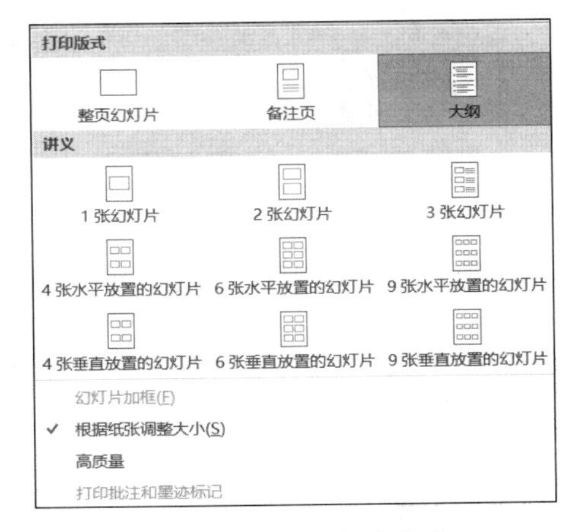

图 4-3-25　设置打印内容

7. 保存演示文稿。

将演示文稿以“ppt3- 学号 .pptx”文件名保存。

实验四　PowerPoint 2016 综合实例（一）

一、实验目的

1. 掌握根据演示内容合理设计幻灯片结构的方法，能够对不同元素进行插入、编辑、修改等相关设置。

2. 掌握综合运用版式、主题、母版等工具优化幻灯片，更好地呈现内容的方法。

3. 合理设计动画及幻灯片的切换方式等。

二、实验内容

1. 新建空白演示文稿，并以“ppt4-学号.pptx”为文件名保存，创建具有6张幻灯片的介绍“手机进化史”的演示文稿，按照以下要求操作，效果样张如图4-4-1所示。

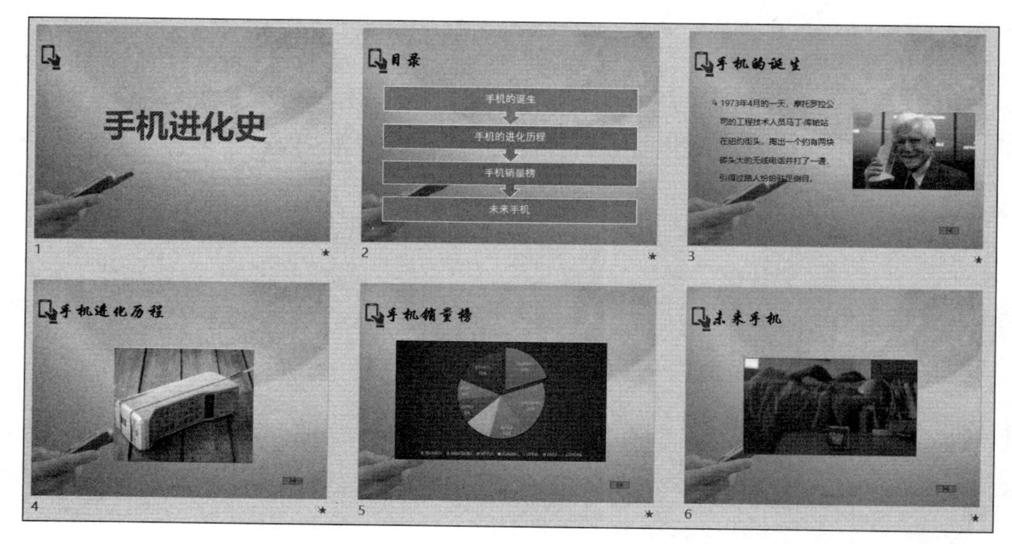

图 4-4-1　PowerPoint 实验四样张

2. 按要求创建幻灯片。

（1）第1张幻灯片采用“空白”版式，在幻灯片中央添加艺术字“手机进化史”，字体为微软雅黑、80磅，样式为“图案填充-白色，文本2，深色上对角线，阴影”，并添加“左上对角透视”阴影。

（2）第2张幻灯片版式为“标题和内容”，其中标题为“目录”，内容以项目符号的形式分别列出“手机的诞生”“手机的进化历程”“手机销量榜”和“未来手机”四项。

（3）第3张幻灯片版式为“两栏内容”，其中标题为“手机的诞生”，左边内容利用素材“text4-4.txt”输入关于世界上第一台手机来历的相关文本，格式为微软雅黑、28磅，右边插入图片“4.4.p1.jpg”。

（4）第 4 张幻灯片版式为“标题和内容”，标题为“手机的进化历程”，内容依次添加图片文件“4.4.p2.jpg”“4.4.p3.jpg”“4.4.p4.jpg”“4.4.p5.jpg”“4.4.p6.jpg”共 5 张图片。

（5）第 5 张幻灯片版式为“标题和内容”，标题为“手机销量榜”，并根据 Excel 表格内容（见图 4-4-2）插入图表（饼图）反映不同品牌的手机销量。

Microsoft...

	A	B	C
1		销售占比	
2	HUAWEI	20%	
3	SAMSUNG	20%	
4	APPLE	14%	
5	XIAOMI	10%	
6	OPPO	9%	
7	VIVO	8%	
8	OTHERS	19%	
9			

图 4-4-2　销售占比数据

操作提要

选择“插入”|“插图”|“图表”选项，在弹出的“更改图表类型”对话框中选择“饼图”，在打开的 Excel 表格中编辑相关内容。

（6）第 6 张幻灯片版式为“标题和内容”，标题为“未来手机”，并插入视频文件“4.4.v1.mp4”，设置视频自动播放，且循环播放。

操作提要

选中视频，在“视频工具 / 播放”|“视频选项”组中设置视频的开始和循环播放方式。

3．对幻灯片进行格式化。

（1）修改所有幻灯片大小为“标准 4:3”。

操作提要

选择“设计”|“自定义”|“幻灯片大小”选项，在下拉菜单中选择“标准 4:3”并确保适合，如图 4-4-3 所示。

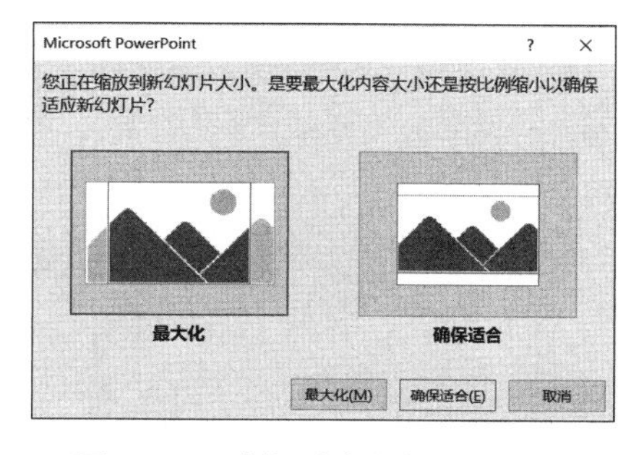

图 4-4-3　确保适合的幻灯片大小

（2）为演示文稿加入日期和时间、页脚以及幻灯片编号，使演示文稿中所显示的日期和时间自动更新，页脚内容为“手机进化史”。

操作提要

幻灯片页脚设置选择“插入”|“文本”|“页眉和页脚”选项，在弹出的“页眉和页脚”对话框中进行设置，如图 4-4-4 所示。

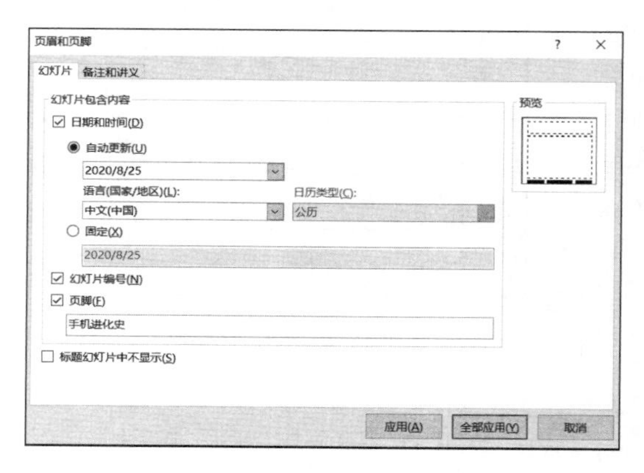

图 4-4-4 “页眉和页脚”对话框

（3）利用幻灯片母版统一设置幻灯片格式。修改母版，添加背景图片“4.4.p8.jpg”；在母版标题的左边插入图片“4.4.p7.png”，并调整大小；设置标题字体为黑色、华文行楷、44 磅、加粗。

操作提要

① 选择“视图”|“母版视图”|“幻灯片母版”选项，选择母版，在空白区域右击，在打开的快捷菜单中（见图 4-4-5）执行“设置背景格式”命令，出现“设置背景格式”窗格（见图 4-4-6），选择“填充”|“图片或纹理填充”，单击“文件”按钮选择背景图片后单击“全部应用”按钮。

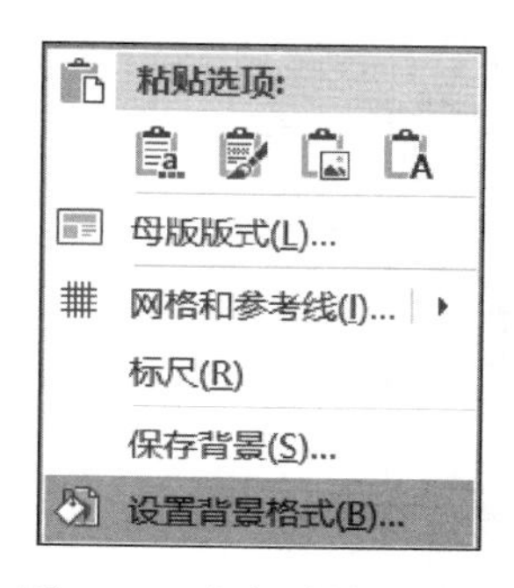

图 4-4-5 幻灯片快捷菜单

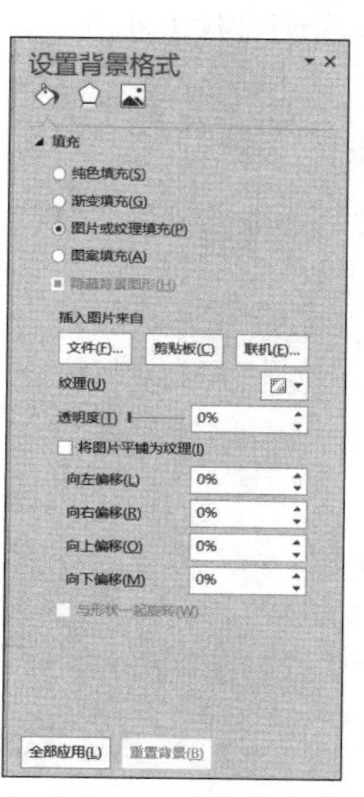

图 4-4-6 设置背景格式

② 在母版视图下，在左侧的导航窗格中选中“Office 主题幻灯片母版”，在右侧的母版上，选择“插入”|“图像”|“图片”命令，插入图片“4.4.p7.png”。

③ 选中“Office 主题幻灯片母版”上的标题文本框，在“开始”|“字体”组完成字体设置。

④ 在母版视图上完成全部格式操作后，单击“幻灯片母版”|“关闭”|“关闭母版视图”按钮后可看到格式设置作用于所有幻灯片。

（4）调整第 2 张幻灯片的格式，将 4 项项目内容转换为 SmartArt 中的“分段流程”版式，并更改颜色为“彩色范围 - 个性色 2 至 3”。

操作提要

选中内容占位符文本框，选择“开始”|“段落”|“转换为 SmartArt”|“其他 SmartArt 图形”选项，在弹出的“选择 SmartArt 图形”对话框中选择“分段流程”，完成 SmartArt 转换；然后单击“SmartArt 工具 / 设计”|“SmartArt 样式”|“更改颜色”按钮，更改图形配色。

（5）调整第 3 张幻灯片的格式。为左边文字内容添加图片形式的项目符号，图片为“4.4.p7.png”。

操作提要

选中文字，选择“开始”|“段落”|“项目符号”选项，在弹出的“项目符号和编号”对话框中（见图 4-4-7）单击“图片”按钮插入图片，单击“确定”按钮。

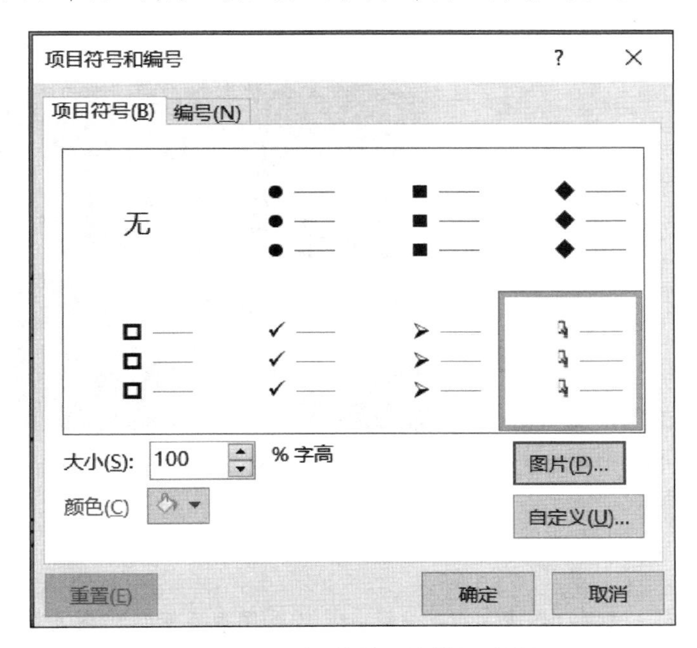

图 4-4-7 “项目符号和编号”对话框

（6）调整第 4 张幻灯片的格式，统一所有图片的大小，高度为 10 厘米，宽度为 12 厘米；统一所有图片的位置，使“4.4.p6.jpg”至“4.4.p2.jpg”从顶层至底层依次叠放在幻灯片上的同一位置。

操作提要

① 选中不同的图片，利用“图片工具 / 格式”|“排列”|“上移一层”和“下移一层”功能，调整图片次序。

② 选中全部图片，右击打开快捷菜单，选择“大小和位置”命令，在“设置图片格式”窗格中（见图 4-4-8）取消勾选“锁定纵横比”复选框，统一设置高度和宽度。

③ 选中全部图片，利用“图片工具 / 格式”|“排列”|“对齐”选项，设置所有图片为“水平居中”和“垂直居中”。

（7）调整第 5 张幻灯片的格式，设置图表样式为“样式 7”，删除图表标题，并按图 4-4-8 所示为图表添加数据标签（包括类别名称和百分比），并且设置“HUAWEI”系列选项的点爆炸型为 15%，如图 4-4-9 所示。

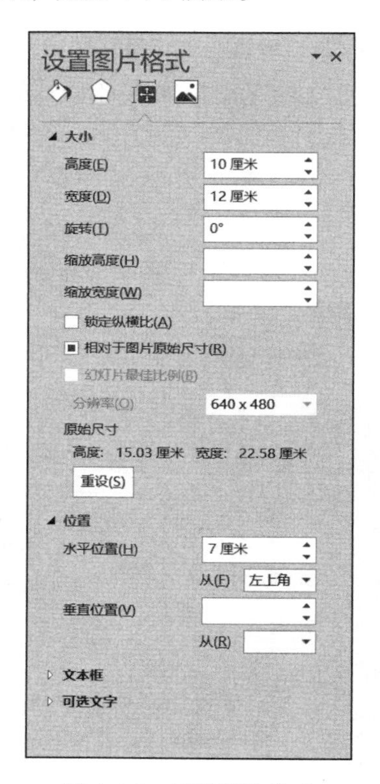

图 4-4-8 设置图片格式

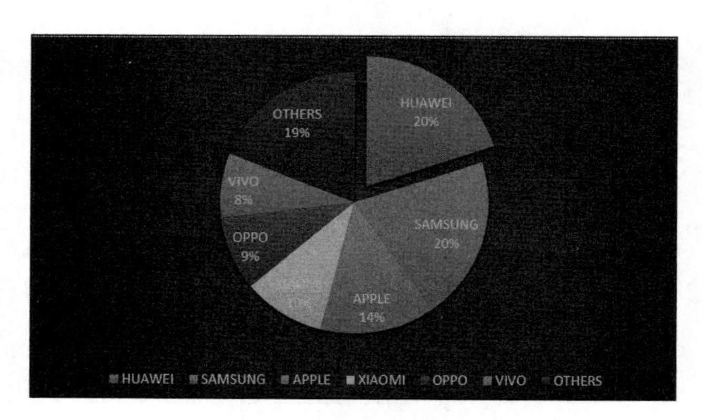

图 4-4-9 “饼图”样式设置

操作提要

① 选中整个图表，选择“图表工具 / 设计”|“添加图表元素”|“图表标题”|“无”选项，删除图表标题；也可以在图表上直接选中标题删除。

②选择“图表工具 / 设计”|“添加图表元素”|“数据标签”|“最佳匹配”选项，为图表添加数据标签；选中图表上的标签，右击，在弹出的快捷菜单中选择“设置数据标签格式”命令，修改数据标签格式，如图 4-4-10 所示。

③ 选中图表上的“HUAWEI”系列选项，右击，在弹出的快捷菜单中选择“设置数据点格式”命令，修改“点爆炸型”值为 15%，如图 4-4-11 所示。

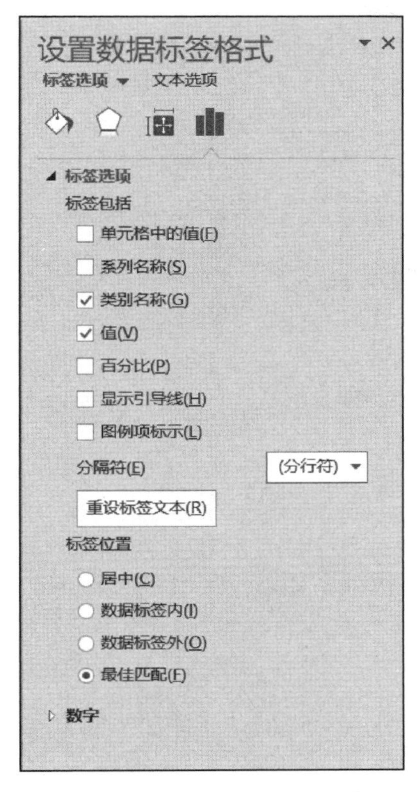

图 4-4-10 设置数据标签格式

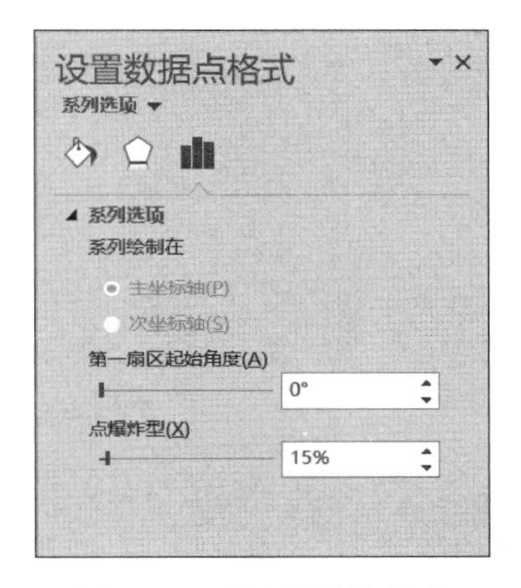

图 4-4-11 设置数据点格式

4. 对幻灯片进行动画设计。

（1）为第 1 张幻灯片上的艺术字添加“劈裂”的进入动画，计时“从上一项开始”。

（2）为第 2 至 6 张幻灯片的标题添加“水平随机线条”的进入动画，计时“从上一项开始”。

操作提要

① 选中标题所在占位符框，选择“动画”|“动画”|“进入”|“劈裂”命令设置标题动画，单击“动画”|“高级动画”|“动画窗格”按钮，在弹出的“动画窗格”中选中标题的动画右击，在弹出的快捷菜单中选择“从上一项开始”。

② 利用“动画”|“高级动画”|“动画刷”，将其他几张幻灯片上的标题设置为同样的动画效果。

③ 也可以在母版视图下，直接执行步骤①，修改所有标题的进入动画效果。

（3）为第 3 张幻灯片上的内容文本添加逐字“下浮”的进入动画，计时“从上一项开始”，速度为“非常快”；为图片添加自顶部“擦除”的进入动画，计时“从上一项开始”。

操作提要

选中右侧文本框，选择“动画”|“动画”|“进入”|“浮入”命令设置文本动画，并在“效果选项”中选择“下浮”；在动画窗格中双击该动画，在弹出的“下浮”对话框的“效果”选项卡中，设置“动画文本”为“按字母”（见图 4-4-12）。

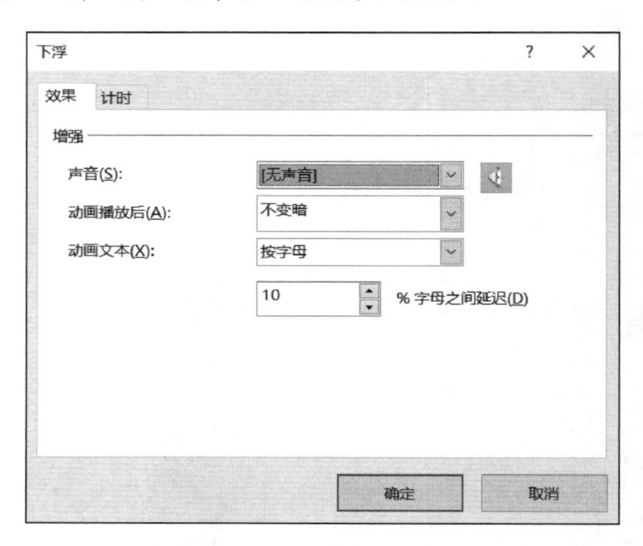

图 4-4-12　“按字母”发送

（4）为第 4 张幻灯片上的顶层 4 张图片（不包括图片“4.4.p2.jpg”）添加“轮子”的退出动画效果，计时为“上一动画之后”，期间为“中速”。

操作提要

① 选中顶层图片（“4.4.p6.jpg”），选择“动画”|“动画”|“退出”|“轮子”命令，在动画窗格中右击该动画，选择“从上一项之后开始”选项。

② 可以利用“动画刷”对自顶向下的第 2 ~ 4 张图片设置相同动画效果。

（5）为第 5 张幻灯片上图表的各数据系列添加逐个（按类别）“淡出”的进入动画效果，计时为“上一动画之后”。

操作提要

① 选中图表，选择“动画”|“动画”|“进入”|“淡出”选项，在“效果选项”中选择“按类别”。

② 在动画窗格中右击图表动画，在弹出的快捷菜单中选择“从上一项之后开始”选项（见图 4-4-13）；展开图表的所有动画（见图 4-4-14），删除背景动画，只保留分类的动画。

5．设置链接与切换方式。

（1）在第 3 ~ 6 四张幻灯片上添加动作按钮“开始”，超链接到第 2 张幻灯片；在第 2 张幻灯片上 SmartArt 形状上的 4 个分项上添加超链接，根据项目内容分别链接到第 3 ~ 6 张幻灯片上。

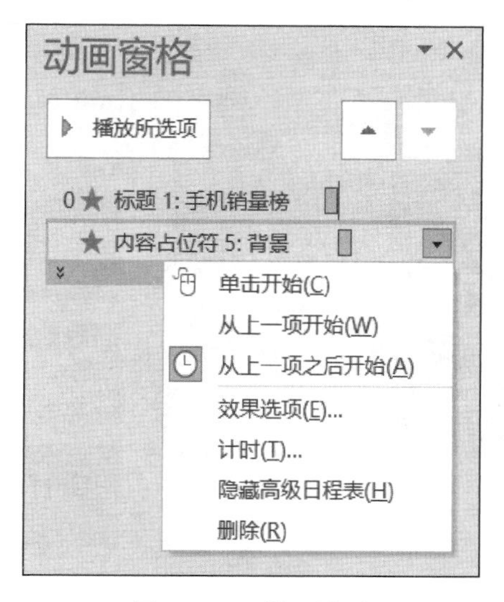

图 4-4-13 设置计时

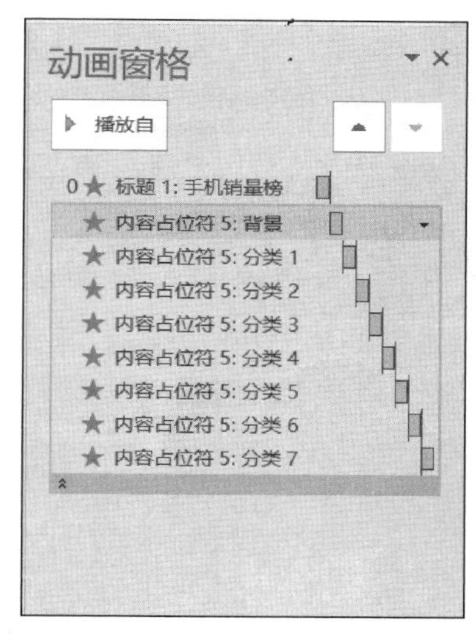

图 4-4-14 删除背景动画

操作提要

① 在第 3 张幻灯片上，选择“插入”|“形状”|“动作按钮”|“开始”命令，在幻灯片上绘制动作按钮；在弹出的“操作设置”对话框（见图 4-4-15）中选择超链接到“幻灯片”，在弹出的“超链接到幻灯片”对话框（见图 4-4-16）中选择第 2 张幻灯片。

② 选中“开始”动作按钮，将其复制到第 4 ~ 6 张幻灯片上。

③ 在第 2 张幻灯片上，分别选中 SmartArt 图形中的对应分项图形，选择“插入”|“链接”|“超链接”选项，在弹出的“编辑超链接”对话框中选择链接到“本文档中的位置”，并根据文字内容选择具体文档位置，如图 4-4-17 所示。

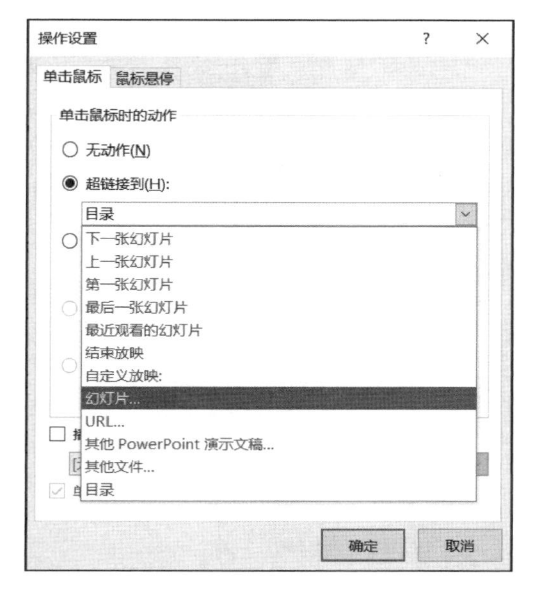

图 4-4-15 “操作设置”对话框

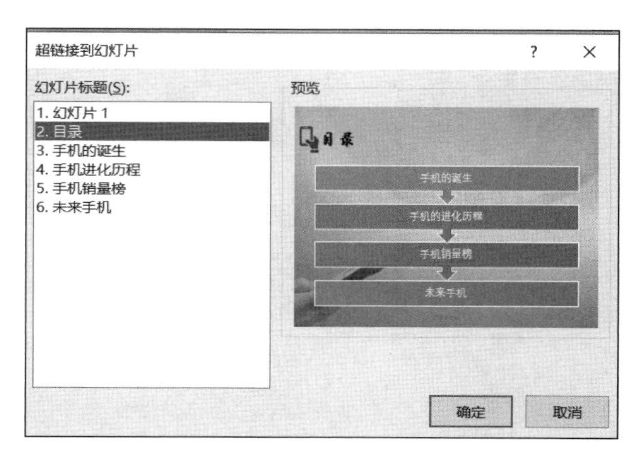

图 4-4-16 “超链接到幻灯片”对话框

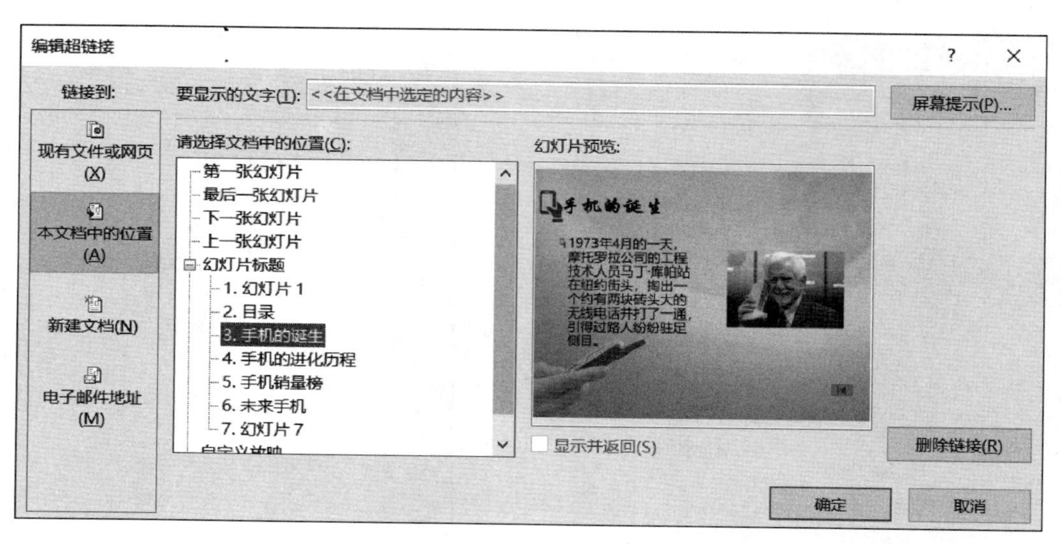

图 4-4-17　“编辑超链接”对话框

（2）为所有幻灯片设置“随机”的切换方式，持续时间为 1s，换片方式为“鼠标单击时”。

操作提要

在导航窗格中选中所有幻灯片，选择“切换”|“切换到此幻灯片”|“华丽型”|“随机”选项。

6．保存演示文稿。

将演示文稿以“ppt4- 学号 .pptx”文件名保存。

实验五 PowerPoint 2016 综合实例（二）

一、实验目的

1. 掌握根据演示内容合理设计幻灯片结构的方法，能够对不同元素进行插入、编辑、修改等相关设置。

2. 掌握综合运用版式、主题、母版等工具优化幻灯片、更好地呈现内容的方法。

3. 合理设计动画及幻灯片的切换方式等。

二、实验内容

1. 新建空白演示文稿，并以“ppt5- 学号 .pptx”为文件名保存，按要求完成以下操作，效果样张如图 4-5-1 所示。

图 4-5-1 PowerPoint 实验五样张

2. 按要求创建幻灯片。

（1）在第 1 张幻灯片上插入艺术字“奋斗百年路，启航新征程”，样式为“渐变填充 - 金色，着色 4，轮廓 - 着色 4”，设置“停止”的弯曲文本效果，发光变体为“金色，18pt 发光，个性色 4”。

（2）利用 Word 文稿“outline.docx”创建幻灯片。

操作提要

选择“开始”|“幻灯片”|“新建幻灯片”|“幻灯片（从大纲）”选项，通过浏览的方式导入 Word 文稿中的内容。

（3）将第 1 张幻灯片移动至演示文稿末尾。

（4）根据 Excel 表格内容（见图 4-5-2），在第 6 张幻灯片上插入柱状图表，反映党员人数发展情况，并套用图表样式“样式 3”。

	A	B
1	年份	人数（万名）
2	2013	8668.6
3	2014	8779.3
4	2015	8875.8
5	2016	8944.7
6	2017	8956.4
7	2018	9059.4
8	2019	9191.4

图 4-5-2　党员人数数据

3．对幻灯片进行格式化。

（1）修改第 1 张幻灯片的版式为“标题幻灯片”；修改第 2 张幻灯片（标题为“目录”）的版式为“节标题”。

（2）将 7 张幻灯片分为三个逻辑节，第一节包含第 1 张幻灯片（标题为“牢记使命”），命名为“封面”，第二节包含第 2 ~ 6 张幻灯片，命名为“介绍”，第三节包含第 7 张幻灯片，命名为“起点”。

操作提要

将光标定位在左边导航窗格上的合适位置，选择“开始”|“幻灯片”|“节”|“新增节”选项，创建逻辑节并重命名。

（3）为“封面”和“介绍”两个逻辑节分别设置“水汽尾迹”和“离子会议室”的主题，并统一使用红色变体。

（4）将图片“4.5.p1.jpg”作为“起点”逻辑节的幻灯片背景。

（5）为幻灯片添加编号且标题幻灯片（第 1 张幻灯片）中不显示编号。

（6）为第 2 张幻灯片（标题为“目录”）的目录内容前添加编号“一，二，…”，大小为字高的 80%，修改编号列表字体为华文楷体、40 磅。

（7）修改母版：删除逻辑节“介绍”中未被使用的幻灯片母版，并将幻灯片编号占位符的位置移至幻灯片右下方，修改编号颜色为黑色，删除母版上的日期和页脚占位符，替换母版右上方的方形图案为图片“4.5.p2.png”，并调整图片大小。

操作提要

① 选择“视图”|“母版视图”|“幻灯片母版”选项，进入母版编辑环境。

② 分别在不同版式的母版上修改各种占位符。

③ 分别在母版上选中右上方的方形图案，删除；选择“插入”|“图像”|“图片”选项，插入图片。

④ 关闭母版视图。

（8）按样张修改第 3 张幻灯片（标题为“党的诞生”）文本内容的位置，并添加粗细为 1.5 磅，线型为“长划线”的红色虚线边框。

（9）将第 4 张幻灯片（标题为“党的性质”）的文本内容转换为“垂直曲型列表”SmartArt 图形，并更改颜色为“彩色范围 - 个性色 2 至 3”。

（10）删除第 5 张幻灯片（标题为“入党誓词”）中文本内容的项目符号，并修改文本字体为华文中宋、36 磅、加粗、加阴影。

（11）为第 6 张幻灯片上的图表添加数据标签。

4．对幻灯片进行动画设计。

（1）为“介绍”逻辑节中所有幻灯片添加“自右侧擦除”的进入动画效果，速度“非常快”，计时“与上一动画同时”。

操作提要

可以在母版中添加动画，也可以利用动画刷完成所有标题的动画设置。

（2）在第 1 张幻灯片上插入图片“4.5.p3.png”，为图片添加“缩放”出现后闪烁三次的动画效果，速度“非常快”。

操作提要

① 选中图片，选择“动画”|“动画”|“进入”|“缩放”选项，为图片添加进入动画效果。

② 选择“动画”|“高级动画”|“动画窗格”选项，在动画窗格中双击动画，在弹出的“缩放”|“计时”选项卡中，设置“开始”为“与上一动画同时”，期间“非常快”，如图 4-5-3 所示。

③ 继续选中图片，选择“动画”|“高级动画”|“添加动画”|“强调”|“脉冲”选项，为同一图片继续添加强调动画效果。

④ 在动画窗格中，双击脉冲动画，在弹出的“脉冲”对话框的“计时”选项卡中，设置动画在“上一动画之后”开始，重复次数为“3”，如图 4-5-4 所示。

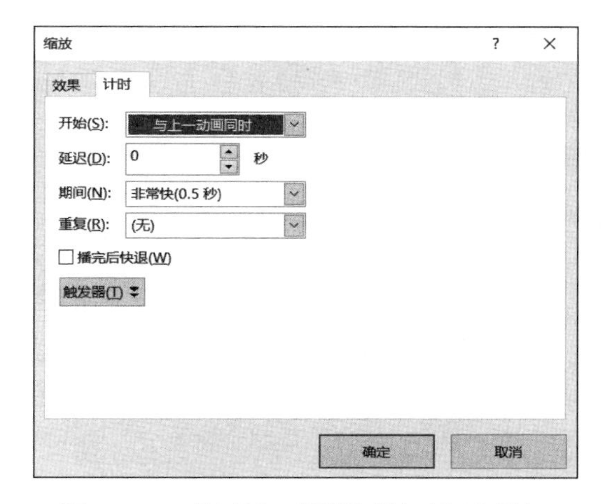

图 4-5-3 “缩放”对话框“计时”选项卡

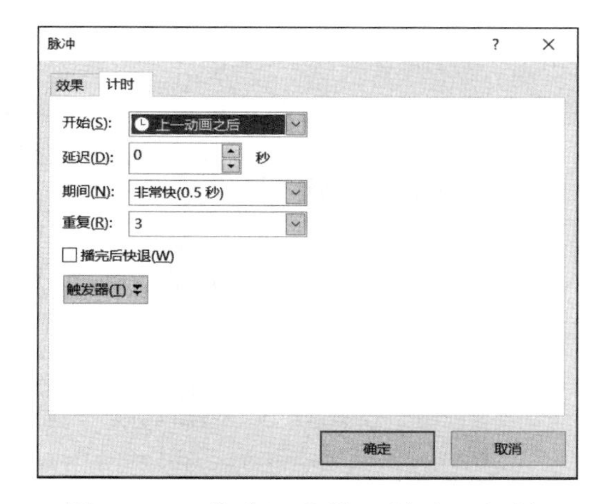

图 4-5-4 “脉冲”对话框“计时”选项卡

（3）在第 3 张幻灯片上插入图片“4.5.p4.jpg”，为图片添加“向左”的动作路径使图片从右边移入幻灯片，然后继续缩小为原图的 80%，定位在幻灯片中央位置。

操作提要

① 将图片移动至幻灯片外右侧，选择“动画”|“动画”|“其他动作路径”选项，在弹出的“更改动作路径”窗格中选择“向左”，如图 4-5-5 所示，动画计时为“单击时”（默认设置）。

② 选中动作路径虚线，通过红色圆点调整图片动作路径的长度和终点位置，如图 4-5-6 所示。

③ 继续选中图片，选择“动画”|“高级动画”|“添加动画”|“强调”|“放大/缩小”选项，为同一图片继续添加强调动画效果，计时为“上一动画之后”。

④ 在动画窗格中，双击“放大/缩小”动画，在弹出的“放大/缩小”对话框的“效果”选项卡中，设置尺寸为 80%，如图 4-5-7 所示。

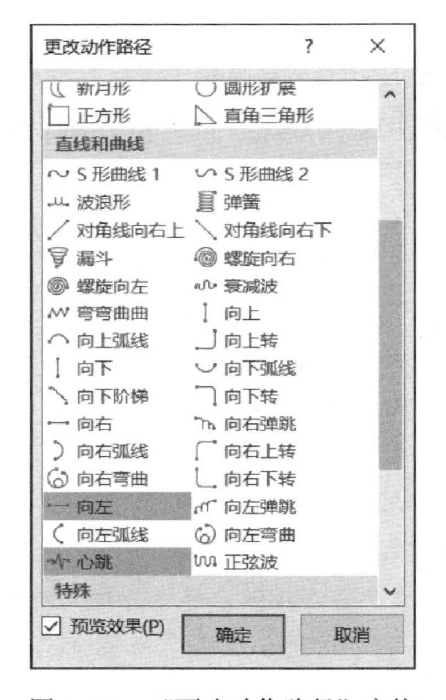

图 4-5-5 “更改动作路径”窗格

图 4-5-6 修改动作路径

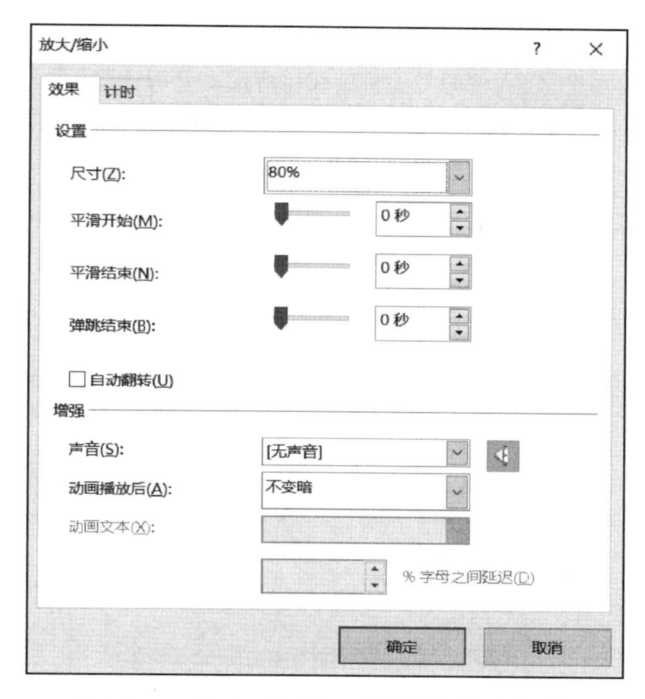

图 4-5-7 “放大 / 缩小”对话框“效果”选项卡

（4）为第 5 张幻灯片（标题为“入党誓词”）中的誓词文本添加逐字出现的进入动画，字母之间的延迟秒数为 0.2。

操作提要

① 选中文本内容，选择“动画”|“动画”|“进入”|“出现”选项。

② 在动画窗格中双击动画，在“出现”对话框|“效果”选项卡中，设置动画文本“按字母”出现，并设置延迟秒数为“0.2”，如图 4-5-8 所示。

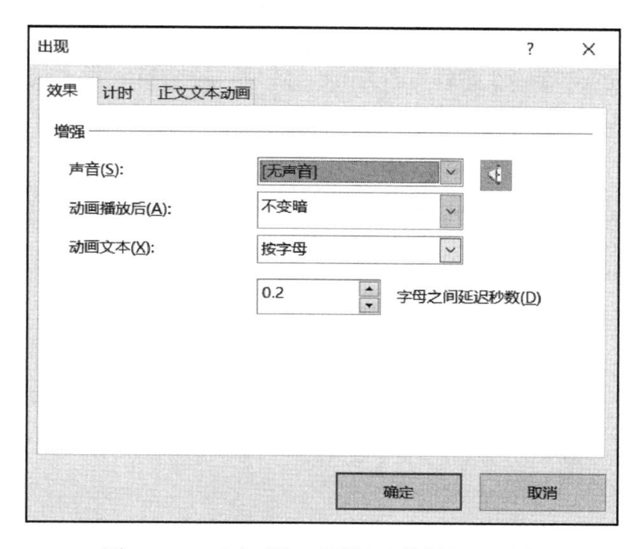

图 4-5-8 “出现”对话框“效果”选项卡

5. 设置超链接与切换方式。

（1）为第2张幻灯片上的4个编号项目创建超链接，分别链接至第3～6张幻灯片。

（2）在第7张幻灯片上添加“开始”动作按钮，鼠标指针悬停时可以超链接到第1张幻灯片。

操作提要

① 选择“插入”|“插图”|“形状”|“动作按钮”|“开始”选项，在第7张幻灯片上绘制“开始”按钮。

② 在弹出的“操作设置”对话框的“鼠标悬停”选项卡中，选择超链接到“第一张幻灯片”，如图4-5-9所示。

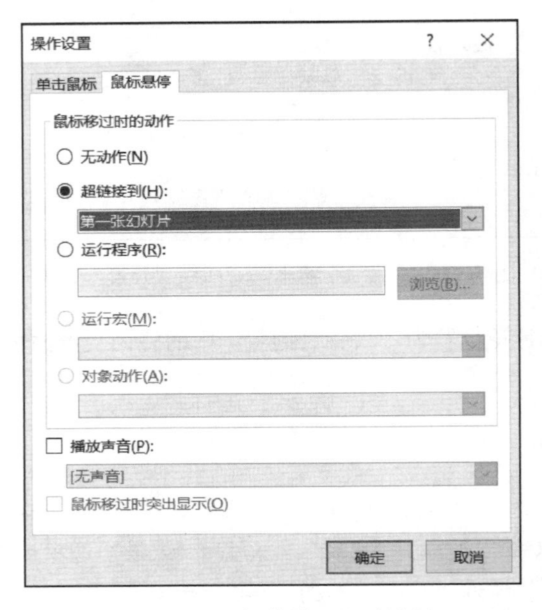

图4-5-9 “操作设置”对话框

（3）为“介绍”逻辑节的5张幻灯片添加“揭开”的切换方式，效果依次分别为“从右上部”“从右下部”“从左上部”“从左下部”和“从右上部”，持续时间为0.75秒，换片方式为“鼠标单击时”。

6. 保存演示文稿。

将演示文稿以“ppt5-学号.pptx”文件名保存。